秦州城区绿地植物识别手册

汪之波　石国玺　王弋博　编著

蘭州大學出版社
LANZHOU UNIVERSITY PRESS

图书在版编目（CIP）数据

秦州城区绿地植物识别手册 / 汪之波，石国玺，王弋博编著. -- 兰州 : 兰州大学出版社，2020.11
ISBN 978-7-311-05830-2

Ⅰ. ①秦… Ⅱ. ①汪… ②石… ③王… Ⅲ. ①植物—识别—天水—手册 Ⅳ. ①Q948.524.23-62

中国版本图书馆CIP数据核字(2020)第224724号

策划编辑　梁建萍
责任编辑　梁建萍
封面设计　王　挺

书　　名　秦州城区绿地植物识别手册
作　　者　汪之波　石国玺　王弋博　编著
出版发行　兰州大学出版社　（地址:兰州市天水南路222号　730000）
电　　话　0931-8912613(总编办公室)　0931-8617156(营销中心)
　　　　　0931-8914298(读者服务部)
网　　址　http://press.lzu.edu.cn
电子信箱　press@lzu.edu.cn
印　　刷　兰州银声印务有限公司
开　　本　889 mm×1194 mm　1/32
印　　张　8.5(插页2)
字　　数　269千
版　　次　2020年11月第1版
印　　次　2020年11月第1次印刷
书　　号　ISBN 978-7-311-05830-2
定　　价　58.00元

编者的话

秦州，古称上邽，公元前688年建城，为中国历史上最早的置县之城之一。

历经2000多年的朝代更替，城名不断变化，但城区一直保存至今，是名副其实的中国历史文化名城。独特的地理位置，优越的自然环境，孕育了城区丰富的植物多样性。

近年来，区政府响应国家生态文明战略，积极创建国家级生态园林城市，加快了城区绿化建设工作。如今的城区，古树参天，芳草连片，夏花秋果，风景宜人。

“少无适俗韵，性本爱丘山”，热爱自然是人的天性。也许您是天水本地居民，也许您是来天水旅游的游客，也许您是植物学爱好者，也许您还是正在读书的大、中、小学生。但无论怎样，每当您徜徉于这座到处被绿植点缀的城市，漫步于天水城区花园式的街道，迷醉于古城春天玉兰的清雅，夏天牡丹的国色天香，秋天银杏的富丽堂皇，冬天蜡梅的一抹清香，您不禁会问，这些姹紫嫣红的花草树木芳名为何？您可能会借助各种识花程序，如“花伴侣”“看图识花”等，但是不论哪一种程序都有一定的局限性，不可能准确识别所有的物种，因为同一物种，环境发生变化，物种形态也会出现差异。为了便于识别秦州城区草木，我们从2010年开始采集照片，开展植物鉴定工作，至今总共采集了5000

多张照片，从中精挑细选，编写了这本便于携带的小册子。

本书详细地介绍天水市秦州城区东起七里墩大桥、西至瀛池大桥、南至羲皇大道、北至成纪大道范围内常见维管植物84科263种，基本涵盖了城区植物种类的80%以上。植物种类的选择上除了常见植物之外，还选择了一些具有本区特色的植物，如银杏、白皮松、红豆杉、玉兰、紫荆等。

本书中，科的系统编排，裸子植物采用郑万均系统（1978），被子植物采用恩格勒系统（1964）。种的界定基本遵循了《中国植物志》分类学观点，部分物种的界定还参照了《秦岭植物志》。本书的出版得到了“天水师范学院学术著作出版资助基金”（CB-CG 2018229）和“甘肃省杰出青年基金”（20JR5RA500）及国家标本平台教学标本子平台(2005DKA214)的资助。兰州大学生命科学学院潘建斌博士在物种鉴定方面提供的帮助，在此一并感谢。

多年来，尽管我们对天水城区植物的识别在不断地深入，但由于作者水平有限，书中难免会有错误和不妥之处，敬请广大读者批评指正。

编者

2020年7月

目　录

单子叶植物

1. 问荆

【学名】*Equisetum arvense* L.

【别称】接续草、公母草、搂接草、空心草、马蜂草、节节草、接骨草

【识别特征】中小型草本。根茎斜升，黑棕色。枝二型，能育枝春季先萌发，黄棕色，无轮茎分枝；鞘筒栗棕色或淡黄色、栗棕色。不育枝后萌发，绿色，轮生分枝多。叶退化，下部联合成鞘，鞘齿披针形，膜质；分支轮生，中实。叶线型。孢子囊穗5—6月抽出，顶生，孢子叶六角形，盾状着生，螺旋排列，边缘着生长形孢子囊。

【用途】全草入药，具有清热、凉血、止咳、利尿的功效。

【分布】藉河河滩常见。

2. 银杏

【学名】*Ginkgo biloba* L.

【别称】白果、公孙树、鸭脚树、蒲扇

【识别特征】落叶乔木。枝条有长短之分。叶扇形，上缘有浅或深的波状缺刻，基部楔形，有长柄；在短枝上3～8片叶簇生，在长枝上螺旋状着生。雄球花4～6枚，生于短枝顶端叶腋或苞腋，长圆形；雌球花数个，生于短枝叶丛中，淡绿色。种子椭圆形，被白粉，外种皮肉质有臭味，中种皮骨质，白色，内种皮膜质，黄褐色。

【用途】果实营养丰富可食用；银杏叶用于治疗高血压、冠心病、心绞痛、脑血管痉挛等；因其叶形独特，深秋季节叶片颜色深黄而适宜于观赏。

【分布】城区常见绿化树种，分布较广，其中青年北路的最为壮观。

3. 雪松

【学名】：*Cedrus deodara* （Roxb.）G. Don

【别称】香柏、宝塔松、番柏、喜马拉雅山雪杉松

【识别特征】乔木。大枝平展，枝稍微下垂，树冠呈宽塔形。一年生长枝淡灰黄色，密被短绒毛，微被白粉，二至三年生长枝灰色、淡褐灰色或深灰色。针叶在长枝上螺旋状散生，在短枝上簇生，先端锐尖，常呈三棱状，上面两侧各有2～3条气孔线，下面有4～6条气孔线，幼叶气孔线被白粉。雌雄同株；雌雄球花单生于不同长枝上的短枝顶端，直立；雄球花近黄色；雌球花初为紫红色，后呈淡绿色，微被白粉，珠鳞背面基部托1短小苞鳞，腹面基部有2胚珠。球果翌年成熟，直立；种鳞木质，背面密生锈色毛；苞鳞极小；种子上端具倒三角形翅。

【用途】雪松树体高大、树形优美常用于园林绿化；雪松油具有防腐、杀菌、补虚、收敛、利尿、调经、祛痰、杀虫及镇静等功效。

【分布】城区绿地常见。

4. 云杉

【学名】：*Picea asperata* Mast.

【别称】白松、大云杉、异鳞云杉、密毛杉、箭炉云杉、鳞皮云杉

【识别特征】常绿乔木。树皮裂成稍厚的不规则鳞状块片脱落，小枝疏生或密被短毛。叶枕有明显或不明显的白粉，基部宿存芽嶙反曲，叶四被状条形，在小枝上面直展、微弯，下面及两侧之叶上弯，先端徼尖或急尖，横切面四菱形，四面有粉白色气孔线，上两面各有4～8条，下两面各有4～6条：球果圆柱长圆形，上端渐窄。种子倒卵圆形。

【用途】云杉四季常绿，树冠呈圆锥状，冠形优美可用作园林绿化；木材材质优良，可作建筑、桥梁、舟车、家具、器具及木纤维工业原料等用材。

【分布】天水师范学院校园、藉河北路、藉河南路等处常见。

5. 白皮松

【学名】*Pinus bungeana* Zucc. ex Endl.

【别称】白骨松、三针松、白果松、虎皮松、蟠龙松

【识别特征】常绿乔木。幼树树皮灰绿色平滑，长大后树皮裂成不规则块片脱落，内皮淡黄绿色，老树树皮淡褐灰色或灰白色，块片脱落露出粉白色内皮，白褐相间或斑鳞状。针叶3针一束，粗硬背部及腹面两侧有气孔线。球果常单生，种鳞先端厚，鳞盾多为菱形，有横脊；鳞脐具刺尖。种子种翅短，有关节，易脱落。

【用途】白皮松树姿优美，树皮奇特，可供观赏；木材可作房屋建筑、家具、文具等用材；种子可食。

【分布】藉河南北路绿化带常见。

6. 油松

【学名】: *Pinus tabuliformis* Carrière

【别称】短叶松、短叶马尾松、红皮松、东北黑松

【识别特征】乔木。树皮灰褐色或褐灰色，裂成不规则较厚的鳞状块片；枝平展或向下斜展。叶2针一束，边缘有细锯齿，两面具气孔线。雄球花圆柱形，在新枝下部聚生成穗状。球果卵形或圆卵形；向下弯垂，常宿存树上近数年之久；种鳞的鳞盾肥厚，横脊显著，鳞脐凸起有刺。种子具翅。

【用途】城市绿化常用树种；油松树干挺拔苍劲，四季常春，可用作园林观赏；木材富含油脂、耐腐；松脂、松节油、栲胶，松节、针叶及花粉可入药。

【分布】藉河天水师范学院校园、藉河北路绿化带常见。

7. 柳杉

【学名】*Cryptomeria fortunei* Hooibrenk

【别称】长叶孔雀松

【识别特征】常绿乔木。大枝近轮生，平展或斜展；小枝常下垂。叶钻形略向内弯曲，先端内曲，四边有气孔线。雄球花单生叶腋，集生于小枝上部，成短穗状花序状；雌球花顶生于短枝上；苞鳞与珠鳞合生，仅先端分离。球果近球形，种鳞木质，先端常具5～6个尖齿，背面有1三角状突起（即苞鳞的先端），每种鳞有2粒种子；种子周围具窄翅。

【用途】树姿纤细、略垂，是良好的绿化树种；木材可用作建材；树皮入药，治疗癣疮，也可用于提制栲胶。

【分布】藉河南路天水师范学院校园、藉河北路人民公园等处多见。

8. 刺柏

【学名】*Juniperus formosana* Hayata

【别称】山刺柏、矮柏木、八玛、台湾桧、台湾松、香柏、岩柏、草绿柏

【识别特征】常绿乔木。树冠常呈圆锥形，小枝下垂。全为刺形叶，3叶轮生，基部有关节而不下延生长，两侧各有1条白色气孔带。球花单生叶腋；球果近球形或宽卵圆形，成熟时淡红或淡红褐色，被白粉或白粉脱落。种子通常半月形，无翅，具3～4枚棱脊。

【用途】刺柏小枝下垂，树形美观，可用作园林绿化；根可入药，具有清热解毒、燥湿止痒的功效。

【分布】城区各处绿化带常见。

9. 圆柏

【学名】*Juniperus chinensis* L.

【别称】桧柏、柏木、柏树、笔松、刺松、红心柏、红心桧

【识别特征】常绿乔木。兼具刺形叶及鳞形叶；刺形叶着生于幼树之上，老树全着生鳞形叶，壮龄树兼具刺形叶与鳞形叶；鳞形叶交互对生，刺叶3叶交互轮生，叶基无关节，下延生长。雌雄异株；雄球花黄色，雄蕊5～7对；球果两年成熟。种子卵圆形，有棱脊；子叶先端锐尖，下面有两条白色气孔带。

【用途】圆柏树冠整齐呈圆锥形，树形优美，姿态奇古，可以独树成景，是中国传统的园林树种；枝、叶及树皮可入药，用于治疗风寒感冒、肺结核、尿路感染、风湿关节炎，外用于荨麻疹。

【分布】藉河南路天水师范学院校园、解放路绿化带常见。

10. 侧柏

【学名】*Platy cladus orientalis*（L.）Endl.

【别称】黄柏、香柏、扁柏、扁桧、香树、香柯树

【识别特征】常绿乔木。小枝排成一平面，同形叶。鳞叶二型，交互对生。雌雄同株，球花单生于枝顶；雄球花具6对雄蕊，雌球花具4对珠鳞。球果当年成熟，种鳞木质，背部顶端下方有一弯曲的钩状尖头。

【用途】侧柏耐污染、抗寒，是北方常见的园林绿化树种；叶片入药，具有凉血止血、生发乌发的功效；种子入药，称“柏子仁”，用于治疗阴血不足、阴虚盗汗、心悸、虚烦失眠、肠燥便秘等。

【分布】城区常见。

11. 龙柏

【学名】*Sabina chinensis* （L.）Ant. cv. Kaizuca

【别称】龙爪柏、爬地龙柏、匍地龙柏

【识别特征】龙柏为圆柏的栽培变种。树冠常呈柱状塔形；枝条向上伸展，出现扭转上升之势，小枝密簇；鳞叶排列紧密，幼嫩时为淡黄绿色，后为翠绿色。

【用途】龙柏树形优美，枝叶青翠，是公园篱笆绿化的首选苗木，多用于庭园美化。

【分布】城区校园、住宅小区、公园常见。

12. 粗榧

【学名】*Cephalotaxus sinensis* （Rehder & E. H. Wilson） H. L. Li

【别称】中华粗榧杉、粗榧杉、鄂西粗榧、中国粗榧

【识别特征】常绿小乔木。树皮常裂成薄片状脱落。叶线形，排列成两列，质地较硬，基部近圆形，先端通常渐尖，上面中脉较为明显，下面具两条白色气孔带，叶肉中具星状石细胞。雄球花聚生成头状，基部及花序梗上有多数苞片；雄球花基部有1苞片。种子常2～5粒，顶端中央有一小尖头。

【用途】粗榧树冠整齐、针叶坚硬具有较高的观赏价值；叶、枝、种子、根可入药，用于治疗白血病及恶性淋巴瘤，具有驱虫、消积等功效。

【分布】解放路、藕河南路人民公园内可见。

13. 红豆杉

【学名】*Taxus chinensis* （Pilg.）Rehder

【别称】扁柏、红豆树、紫杉

【识别特征】常绿乔木。叶条形，螺旋状着生，基部扭转排成二列，下延生长，上面中脉隆起，下面有两条气孔带，无树脂道。雌雄异株，球花单生于叶腋；雌球花的胚珠单生于花轴上部侧生短轴的顶端，基部托以圆盘状假种皮。种子坚果状，着生于杯状肉质的假种皮中，成熟时肉质假种皮红色。

【用途】园林绿化中常用树种，也可作为盆景观赏；枝叶可提取紫杉醇，用于治疗宫颈癌等。

【分布】羲皇大道、藉河北路绿化带可见。

14. 银白杨

【学名】*Populus alba* L. var. alba

【别称】大叶杨、响杨、麻嘎勒

【识别特征】乔木。树皮白或灰白色。幼枝被白色绒毛，萌条密被绒毛，芽密被白绒毛，后脱落；萌枝和长枝叶卵圆形，掌状3～5浅裂，裂片先端钝尖，基部宽楔形，裂片边缘不规则凹缺，初两面被白绒毛，后上面脱落；短枝叶基部宽楔形、有不规则钝齿牙，上面光滑，下面被白色绒毛；叶柄具白色绒毛。雄花序长5～8厘米，花序轴有毛苞片膜质，边缘有不规则齿牙和长毛；雄蕊8～10枚。雌花序长5～10厘米，雌蕊具短柄，柱头2，有淡黄色长裂片，蒴果细圆锥形，2瓣裂，有毛。花期4—5月，果期5月。

【用途】银白杨树形大，枝叶美观，可做绿化树种；也可作建筑、家具、造纸等用材；树皮可制栲胶；叶磨碎可驱臭虫；叶片入药，用于治疗咳嗽、气喘等。

【分布】藉河南路天水师范学院校园、天水市职业学校校园、成纪大道可见。

15. 垂柳

【学名】*Salix babylonica* L.

【别称】垂枝柳、倒挂柳、倒插杨柳、杨柳、科柳

【识别特征】乔木。树枝纤细常下垂。叶窄披针形或线状披针形，基部楔形，叶缘有锯齿。花序先叶开放；雄花序有短梗，轴有毛；雄蕊2枚，离生花药红黄色；苞片披针形，外面有毛；腺体2；子房无柄或近无柄，花柱短，柱头2～4深裂；苞片披针形，外面有毛；腺体1。花期3—4月，果期4—5月。

【用途】垂柳枝条纤细、下垂，是北方早春常见的绿化树种；木材可供制家具；枝条可编筐；树皮含鞣质，可提制栲胶。

【分布】藉河南北路河堤常见。

16. 核桃

【学名】*Juglans regia* L.

【别称】胡桃、羌桃

【识别特征】乔木。小枝具光泽无毛，被盾状腺体。奇数羽状复叶，小叶通常5～9片。雄性葇荑花序下垂，雄花的苞片、小苞片及花被片均被腺毛。雌性穗状花序通常具1～3（～4）朵雌花。雌花的总苞被极短腺毛，柱头浅绿色。果序短，下垂，具1～3粒果实；果实近于球状，光滑；果核稍具皱曲，有2条纵棱，顶端具有短尖头；隔膜较薄；内果皮壁内具不规则的空隙或无空隙而仅具皱曲。花期5月，果期7—8月。

【用途】核桃仁营养价值丰富，具有健脑和延缓衰老的功效，可直接食用或榨油；入药用于治疗肾虚腰痛、肺气虚弱、肺肾两虚、喘咳短气、肠燥便秘、大便干涩、小便不利等。

【分布】藉河南路天水师范学院校园、藉河北路人民公园可见。

17. 榆树

【学名】*Ulmus pumila* L.

【别称】家榆、榆钱、春榆、粘榔树家榆、白榆

【识别特征】落叶乔木。叶常椭圆状卵形或长卵形，先端渐尖或长渐尖，叶缘具重锯齿或单锯齿；侧脉9～16对。口柄长2～10毫米。花先叶开放，多数成簇状聚伞花序，生于去年枝的叶腋。具翅果，近圆形，顶端具缺口；果核位于翅果中部，果柄长1～2毫米。花果期3－5月。

【用途】榆树适宜性强，是城市园林绿化的优良树种；幼树枝条柔弱，容易造型，是制作观察盆景的原料；果实称“榆钱”，可食用，也可用于治疗神经衰弱、失眠、食欲不振等。

【分布】羲皇大道、成纪大道、藉河南北路旁常见。

18. 中华金叶榆

【学名】*Ulmus pumila* cv.jinye.

【别称】美人榆

【识别特征】为榆树变种。落叶乔木，树高可达1.5米，树冠直径50厘米，树冠卵圆形或圆球形。树皮暗灰色，纵裂，粗糙。幼枝金黄色，细长，排成二列状。叶互生，卵状长椭圆形，金黄色，色泽艳丽，有自然光泽，先端尖，基部稍斜，边缘具锯齿，叶脉清晰，质感好。花簇生于去年生枝上，先叶或花叶同放。翅果近圆形，种子位于翅果中部。花期3—4月，果期4—5月。与榆树的不同之处在于本变种叶片金黄色，色泽亮丽；叶脉清晰可见；叶卵圆形，长约3～5厘米，宽2～3厘米，比榆树叶片稍短；叶片边缘具锯齿，叶尖渐尖，互生于枝条上。

【用途】中华金叶榆叶色金黄靓丽，十分引人注目，造景效果极佳，适合在城市园林绿地、公园、道路两侧等处点缀风景。

【分布】天水师范学院路、藉河北路迎宾桥下绿化带常见。

19. 构树

【学名】*Broussonetia papyrifera* （L.）L'Hér. ex Vent.

【别称】构桃树、构乳树、楮树、楮实子、沙纸树、谷木、谷浆树、假杨梅

【识别特征】落叶乔木。小枝密被灰色粗毛。叶螺旋状排列，基部心形，先端渐尖，边缘具粗锯齿，不分裂或3～5裂，小树之叶常有明显分裂，表面粗糙，疏生糙毛，背面密被绒毛，基生叶三出脉，叶柄密被糙毛；托叶大，卵形。花雌雄异株；雄花序为柔荑花序，聚花果直成熟时橙红色，肉质；外果皮壳质。花期4—5月，果期6—7月。

【用途】园林绿化常用树种，能抗有毒气体；叶片中蛋白质含量较高，可以加工成饲料；果实称“楮实子”“构树子”，与其根共入药，具有补肾利尿、强筋健骨的功效。

【分布】藉河南路石马坪中学附近绿化带、岷山厂附近绿化带多见。

20. 无花果

【学名】*Ficus carica* L.

【别称】阿驲、蜜果、奶浆果、品仙果

【识别特征】落叶小乔木，多分枝。树皮灰褐色有明显的孔部；小枝直立粗壮。叶互生，厚纸质，宽卵圆形，掌状3～5裂，先端钝，基部心形，边缘波状或有粗齿，上面粗糙，下面生短毛，花序托有短梗，单生于叶腋；基部有苞片，雄花生瘿花序托内面的上半部，雄蕊3～5枚，瘿花花柱短；雌花生在另一花序托中，有长梗，花被片5，花柱侧生，柱头2裂。榕果单生叶腋，大而梨形，直径3～5厘米，顶部下陷，成熟时紫红色或黄色，卵形；瘦果透镜状。花果期5—7月。

【用途】果实可食，入药用于治疗食欲不振、脘腹胀痛、痔疮便秘、咽喉肿痛、咳嗽多痰等。

【分布】师院路天水师范学院东家属区、成纪大道可见。

21. 桑

【学名】*Morus alba* L.

【别称】桑树

【识别特征】落叶乔木。树皮厚，灰色，具不规则浅纵裂，枝条斜展，幼枝有棱。单叶对生，纸质至薄革质，顶端急尖，基部近圆形，全缘，基出3主脉，叶柄常呈紫色。总状花序侧生于前年生上，花杂性，花被片宽椭圆形，淡绿色。花单性与叶同时生出；雄花序密被白色柔毛，下垂；雌花序被毛，无梗，花被片倒卵形，顶端圆钝，外面和边缘被毛，两侧紧抱子房，柱头2裂，内面具乳头状突起。聚花果卵状椭圆形，长1～2.5厘米，成熟时红色或暗紫色。花期4—5月，果期5—8月。

【用途】果实称“桑葚”，可食用；桑叶入药，用于治疗风热感冒、咳嗽胸痛、目赤肿痛等。

【分布】藉河南北路绿化带、师院路天水师范学院东家属区可见。

22. 葎草

【学名】*Humulus scandens*（Lour.）Merr.

【别称】蛇割藤、割人藤、拉拉秧、拉拉藤、五爪龙

【识别特征】缠绕草本。茎、枝、叶柄均具倒钩刺。叶纸质，肾状五角形，掌状5~7深裂，基部心形，上面疏被糙伏毛，下面被柔毛及黄色腺体，裂片卵状三角形，具锯齿。雄花小，黄绿色；雌花苞片纸质，三角形，被白色绒毛；子房为苞片包被，柱头2枚，瘦果。花果期3—5月。

【用途】全草入药，有清热解毒、利尿通淋等功效；全草可用作青贮饲料；由于其抗逆性强，可用作水土保持植物。

【分布】羲皇大道、成纪大道、藉河河滩常见。

23. 大麻

【学名】*Cannabis sativa* L.

【别称】山丝苗、线麻、胡麻、野麻、火麻

【识别特征】一年生草本。茎具纵沟槽，密生灰白色贴伏毛。叶掌状全裂，裂片披针形或线状披针形，叶柄密被灰白色贴伏毛；托叶线形。雄花黄绿色，花被5枚，膜质，外面被细伏贴毛，雄蕊5枚，花丝极短；雌花绿色；花被1枚，略被小毛。瘦果为宿存黄褐色苞片所包，果皮坚脆，表面具细网纹。花期5—6月，果期7月。

【用途】果实入药，称“火麻仁”“大麻仁”，主治大便燥结；茎皮纤维长而坚韧，可用以织麻布或纺线，制绳索、纺织麻鞋等。

【分布】城区绿化带可见。

24. 麻叶荨麻

【学名】*Urtica cannabina* L.

【别称】荨麻、白蛇麻、火麻、蛇麻草、焮麻、白活麻

【识别特征】多年生草本。全株密生刺毛和被微柔毛，分枝少而且呈现四棱形状。叶近膜质，椭圆形，叶缘有数枚不整齐的牙齿状锯齿，上面绿色或深绿色，疏生刺毛和糙伏毛。花雌雄同株，雄花序圆锥状，生下部叶腋，长5～8厘米，雌花序生上部叶腋，常穗状；雄花花被片合生至中部。瘦果窄卵圆形，顶端尖，有褐红色疣点。花期8—10月，果期9—11月。

【用途】全草入药，用于治疗高血压症、风湿关节痛；嫩叶可食用。

【分布】藉河河滩、羲皇大道、成纪大道绿化带可见。

25. 卷茎蓼

【学名】*Fallopia convolvulus* （L.）Á. Löve

【别称】荞麦蔓、荞麦蓼、卷叶蓼、卷叶旋

【识别特征】一年生草本。茎缠绕，具纵棱，自基部分枝，具小突起。叶卵形或心形，顶端渐尖，基部心形，两面无毛，下面沿叶脉具小突起，边缘全缘，具小突起；叶柄沿棱具小突起。总状花序，腋生或顶生；苞片长圆形，顶端尖，每苞具2～4花；花梗细弱，比苞片长，中上部具关节；花被5深裂，边缘白色，花被片长椭圆形，外面3片背部具龙骨状突起；雄蕊8枚，花柱3枚。瘦果椭圆形，具3棱，黑色，密被小颗粒，无光泽，包于宿存花被内。花期5—8月，果期6—9月。

【用途】全草入药，用于治疗消化不良、腹泻等。

【分布】藉河河滩常见。

26. 萹蓄

【学名】*Polygonum aviculare* L.

【别称】扁竹

【识别特征】一年生草本。茎平卧或直立，自基部多分枝，具纵棱。叶椭圆形，顶端钝圆或急尖，基部楔形，边缘全缘；花单生或数朵簇生于叶腋；苞片薄膜质，顶部具关节；花被5片深裂，花被片椭圆形；雄蕊8枚，花丝基部扩展；花柱3枚，柱头头状。瘦果卵形，具3棱，黑褐色，密被由小点组成的细条纹，与宿存花被近等长或稍超过。花期5—7月，果期6—8月。

【用途】幼苗及嫩茎叶可食；嫩茎叶可作饲料；全草入药，有清热消炎、驱虫等功效。

【分布】藉河河滩、羲皇大道、成纪大道等处常见。

27. 酸模叶蓼

【学名】*Polygonum lapathifolium* L.

【别称】大马蓼、旱苗蓼、斑蓼、柳叶蓼

【识别特征】一年生草本。茎直立，具分枝，无毛，节部膨大。叶披针形或宽披针形，叶上面绿色，常有一个大的黑褐色新月形斑点，两面沿中脉被短硬伏毛，全缘，边缘具粗缘毛；叶柄具短硬伏毛；托叶鞘淡褐色。总状花序呈穗状，通常由数个花穗再组成圆锥状，花序梗被腺体；花被淡红色或白色，叶脉顶端叉分，外弯；雄蕊6枚。瘦果宽卵形，双凹，黑褐色，包于宿存花被内。花期6—8月，果期7—9月。

【用途】全草入药，具有利尿消肿、止痛止呕等功效。

【分布】藉河河滩常见。

28. 红蓼

【学名】：*Polygonum orientale* L.

【别称】狗尾巴花

【识别特征】一年生草本。高达2米，茎粗壮直立。叶片卵形或披针形，叶面、叶脉密生短柔毛，叶柄长柔毛。总状花序穗状，花被5枚深裂，粉红色或玫瑰红色，长3～4毫米；雄蕊7枚，花柱2枚，中下部连合，内藏。瘦果扁平，双凹，包于宿存花被内。花期6—9月，果期8—10月。

【用途】红蓼花序颜色艳丽，多用作观赏。果实入药，称作“水红花子”，有活血止痛、消积利尿等功效。

【分布】藉河河滩、藉河北路人民公园等处常见。

29. 巴天酸模

【学名】*Rumex patientia* L.

【别称】洋铁叶、洋铁酸模、牛舌头棵

【识别特征】多年生草本。根肥厚。茎直立，粗壮，具深沟槽。基生叶长圆形或长圆状披针形，顶端急尖，基部圆形或近心形，边缘波状；托叶鞘筒状，膜质。花序圆锥状，大型；花两性；花梗细弱，中下部具关节，关节果时稍膨大，内花被片果时增大。瘦果卵形，具3条锐棱，顶端渐尖，褐色。花期5—6月，果期6—7月。

【用途】根入药，用于治疗痢疾、泄泻、肝炎、跌打损伤等。

【分布】城区水沟旁多见。

30. 木藤蓼

【学名】*Fallopia aubertii*（L.Henry）Holub

【别称】降头、血地、大红花、血地胆

【识别特征】半灌木。茎缠绕，灰褐色，无毛。叶簇生，叶片卵形或卵形，近革质，顶端急尖，基部近心形，两面均无毛；托叶鞘膜质，偏斜，褐色，易破裂。花序圆锥状，腋生或顶生，花序梗具小突起；苞片膜质，顶端急尖，每苞内具3～6花；花梗细，下部具关节；花被5深裂，淡绿色或白色，花被片外面3片较大，背部具翅，果时增大，基部下延；花被果时外形呈倒卵形；雄蕊8枚，比花被短，花丝中下部较宽，基部具柔毛；花柱3枚，极短，柱头头状。瘦果卵形，具3棱，黑褐色，密被小颗粒，包于宿存花被内。

【用途】木藤蓼攀援能力极强，有附着物时可迅速布满，是绿篱花墙隔离、遮荫凉棚、假山斜坡等立体绿化快速见效的极好树种。

【分布】藉河河滩常见。

31. 藜

【学名】*Chenopodium album* L.

【别称】落藜、胭脂菜、灰藜、灰蓼头草、灰藜、灰菜、灰条

【识别特征】一年生草本。茎直立，粗壮，具条棱，多分枝。叶片菱状卵形至宽披针形，上面通常无粉，下面被粉粒。花两性，圆锥花序腋生或顶生，花被裂片5片，背面具纵隆脊，有粉；雄蕊5枚，花药伸出花被，柱头2枚。果皮与种子贴生。花果期5—9月。

【用途】嫩叶可食；全草入药，用于治疗痢疾、腹泻、湿疮痒疹、毒虫咬伤等。

【分布】藉河路、羲皇大道、成纪大道等处绿化带常见。

32. 灰绿藜

【学名】*Chenopodium glaucum* L.

【别称】盐灰菜

【识别特征】一年生草本。茎平卧或倾斜，具条棱。叶片矩圆状卵形至披针形，肥厚，先端急尖，基部渐狭，边缘具缺刻状牙齿，上面无粉，下面常具粉而呈灰白色；中脉明显，黄绿色。花两性兼有雌性，通常数花聚成团伞花序，再于分枝上排列成有间断而通常短于叶的穗状或圆锥状花序；花被裂片3～4片，通常无粉，先端通常钝，雄蕊1～2枚，花丝不伸出花枝，花药球形；柱头2枚，极短。胞果，顶端露出于花被外，果皮膜质，黄白色。花果期5—9月。

【用途】嫩苗可食；全草入药，用于治疗痢疾、腹泻、湿疮痒疹、毒虫咬伤等。

【分布】藉河河滩、藉河路绿化带常见。

33. 杂配藜

【学名】*Chenopodium hybridum* L.

【别称】大叶藜、血见愁

【识别特征】一年生草本。茎直立，粗壮，具条棱。叶宽卵形或卵状三角形，长6～15厘米，宽5～12厘米，两面近同色，幼嫩时有粉粒，先端尖或渐尖，基部圆、平截，边缘掌状浅裂，裂片三角形，不等大；叶柄长2～7厘米。二歧式聚伞花序，花被5裂，裂片窄卵形，先端钝，背面具纵棱，边缘膜质，雄蕊5枚。胞果果皮膜质，常有白色斑点，5枚种子贴生、横生，双凸镜形，黑色。花果期7—9月。

【用途】幼苗和嫩茎叶可食；全草入药，用于治疗咯血吐血、跌打损伤，痈疽肿毒、脚癣等。

【分布】羲皇大道、成纪大道绿化带常见。

34. 地肤

【学名】*Kochia scoparia*（L.）Schrad.

【别称】地麦、落帚、扫帚苗、扫帚菜、孔雀松、绿帚、观音菜

【识别特征】一年生草本。根略呈纺锤形。茎直立，圆柱状，基部分枝。叶扁平，披针形或条状披针形，通常有3条明显的主脉，边缘有疏生的锈色绢状缘毛。花两性或雌性，构成疏穗状圆锥状花序，花被5深裂，近三角形；雄蕊5枚，花丝丝状；柱头2枚，丝状，花柱极短。胞果扁球形，果皮膜质，与种子贴伏。种子卵形，黑褐色。花期6—9月，果期7—10月。

【用途】嫩叶可食；种子入药，用于治疗小便不利、淋病、带下等。

【分布】藉河河滩、城区绿化带常见。

35. 土牛膝

【学名】*Achyranthes aspera* L.

【识别特征】多年生草本。茎四棱形，被柔毛，节部稍膨大，分枝对生。叶椭圆形或长圆形，先端渐尖，基部楔形，叶柄密被柔毛。穗状花序顶生，花在花后反折，花序梗密被白色柔毛；苞片披针形，小苞片刺状，基部两侧具膜质裂片。花被片披针形，花后硬化锐尖，具1脉，退化雄蕊顶端平截，流苏状长缘毛。胞果。花期6—8月，果期10月。

【用途】根茎入药，用于治疗跌打损伤、风湿关节痛等。

【分布】藉河北路407医院前天水湖岸绿化带可见。

36. 反枝苋

【学名】*Amaranthus retroflexus* L.

【别称】野苋菜、苋菜、西风谷、

【识别特征】一年生草本。高可达1米，茎密被柔毛。叶菱状卵形或椭圆状卵形，基部楔形，两面及边缘被柔毛，下面毛较密。穗状圆锥花序，苞片钻形，花被片长圆形或长圆状倒卵形，薄膜质，中脉淡绿色，具凸尖；雄蕊较花被片稍长。胞果扁卵形。种子近球形。花期7—8月，果期8—9月。

【用途】嫩叶可食；全草入药，用于治疗目赤肿痛、白内障等。

【分布】藉河河滩、城区绿化带常见。

37. 鸡冠花

【学名】*Celosia cristata* L.

【别称】鸡髻花、老来红、芦花鸡冠、笔鸡冠、小头鸡冠、凤尾鸡冠

【识别特征】一年生直立草本。全株无毛，粗壮。单叶互生，具柄；叶片长5～13厘米，宽2～6厘米，先端渐尖或长尖，基部渐窄成柄，全缘。中部以下多花；苞片、小苞片和花被片干膜质，宿存；胞果卵形，长约3毫米，成熟时盖裂，包于宿存花被内；花序红色，形似鸡冠而得名，享有“花中之禽”的美誉。种子肾形，黑色，光泽。花果期7—9月。

【用途】鸡冠花对二氧化硫、氧化氢具良好的抗性，兼具绿化、美化和净化环境的多重作用；花序入药，有凉血止血的功效。

【分布】中华西路、龙城广场装饰花坛常见。

38. 紫茉莉

【学名】*Mirabilis jalapa* L.

【别称】胭脂花、粉豆花、夜饭花、状元花、丁香叶、苦丁香、野丁香

【识别特征】一年生草本。茎多分枝，节间稍肿大。叶柳状三角形，先端渐尖，基部平截或心形，全缘。花常数朵簇生枝端，总苞钟形，5裂，花被紫红色、黄色、白色或杂色，高脚碟状，筒部长2～6厘米，花午后开放，有香气，雄蕊5枚，花丝细长，常伸出花外，花柱单生，线形，伸出花外，柱头头状。瘦果球形。花期6—10月。紫茉莉花色鲜艳，颜色较多，常用作庭院、公园观赏植物。

【用途】紫茉莉花色鲜艳，颜色较多，常用作庭院、公园观赏植物；根、叶入药，有清热解毒、活血调经和滋补的功效。

【分布】城区小区多见，羲皇大道绿化带有分布。

39. 垂序商陆

【学名】*Phytolacca americana* L.

【别称】商陆、美国商陆、十蕊商陆

【识别特征】多年生草本，高1～2米。根粗壮，肥大，倒圆锥形。茎直立圆柱形，有时紫红色。叶椭圆状卵形或卵状披针形，先端尖，基部楔形。总状花序顶生或与叶对生。花白色，微带红晕，花被片5枚；雄蕊、心皮及花柱均为10枚，心皮连合。果序下垂，浆果扁球形，紫黑色。花期6—8月，果期8—10月。

【用途】根入药，有利尿、止咳、平喘等功效；全草可制作农药。

【分布】羲皇大道、成纪大道两侧常见。

40. 马齿苋

【学名】*Portulaca oleracea* L.

【别称】马苋、五行草、长命菜、五方草、瓜子菜

【识别特征】一年生草本，全株无毛。茎平卧或斜倚，伏地铺散，多分枝，圆柱形，长10～15厘米淡绿色或带暗红色。叶片扁平，肥厚倒卵形，似马齿状，叶柄粗短，黄色。花期5—8月，果期6—9月。

【用途】嫩茎叶可食；全草入药，用于治疗脚气浮肿、心腹胀满、小便涩少、产后虚汗等。

【分布】羲皇大道、成纪大道两侧人行道、海林厂北区人行道等处多见。

41. 大花马齿苋

【学名】*Portulaca grandiflora* Hook.

【别称】龙须牡丹、太阳花、松叶牡丹、半支莲花

【识别特征】一年生草本，高达30厘米。茎平卧或斜升，紫红色，多分枝，节有簇生毛。叶密集枝端，不规则互生，叶片细圆柱形，顶端圆钝，无毛，叶腋常生一撮白色长柔毛。花单生或数朵簇生枝端，日开夜闭；总苞8～9片，叶状，轮生，具白色长柔毛；花瓣5片或重瓣，倒卵形，顶端微凹，红色、紫色或黄白色；雄蕊多数，花丝紫色，基部合生；花柱与雄蕊近等长，柱头5～9裂。花期7—9月，果期8-11月。

【用途】品种较多，花色丰富，多作为观赏植物；全草入药，有散瘀止痛、清热、解毒消肿的功效，用于治疗咽喉肿痛、烫伤、跌打损伤、疮疖肿毒等。

【分布】藉河北路陇上尊裕段前绿化带可见。

42. 石竹

【学名】*Dianthus chinensis* L.

【别称】洛阳花、中国石竹、中国沼竹、石竹子花

【识别特征】多年生草本，高30～50厘米，全株无毛。茎丛生直立，上部分枝。叶对生，线状披针形，先端渐尖，基部稍窄。花单生或成聚伞花序。苞片4片，卵形，长渐尖；花萼筒形，萼齿披针形；花瓣片倒卵状三角形，常呈紫红、粉红、鲜红或白色，先端不整齐齿裂，喉部具斑纹，疏生髯毛；雄蕊筒形，包于宿萼内，顶端4裂。种子扁圆形。花期5—6月。

【用途】石竹耐寒，花色多样，可用作花坛、草坪的点缀；全草入药，有清热利尿、破血通经、散瘀消肿的功效。

【分布】藉河北路、藉河风情线绿化带常见。

43. 须苞石竹

【学名】*Dianthus barbatus* L.

【别称】美国石竹、五彩石竹、什样锦

【识别特征】多年生草本，高30～60厘米，全株无毛。茎直立，有棱。叶片披针形，顶端急尖，基部渐狭，合生成鞘，全缘，中脉明显。头状花序，叶状总苞片多数；苞片4片，卵形，顶端尾状尖，具细齿；花萼筒状，裂齿锐尖；花瓣具长爪，卵形，通常红紫色，喉部具髯毛；雄蕊稍露于外。蒴果卵状长圆形，顶端4裂至中部；种子褐色，扁卵形。花果期5—10月。

【用途】花色鲜艳，园林中可用于花坛、花台或盆栽；成片栽植可作景观地被植物。

【分布】藉河北路人民公园以东绿化带可见。

44. 牛繁缕

【学名】：*Myosoton aquaticum* （L.）Moench

【别称】鹅儿肠、鹅肠菜

【识别特征】一年生草本，长达80厘米，全株光滑。茎多分枝，常贴伏着生。叶对生，卵形或宽卵形，顶端渐尖，基部心形，上部叶无柄，下部叶有柄。花梗细长，密被腺毛，花后下垂；萼片5枚，宿存，果期增大，外面有短柔毛；花瓣5片，白色。柱头常5裂，蒴果卵形，5瓣裂，每瓣端再2裂。花期3—5月，果期6-8月。

【用途】全草可做野菜和饲料；全草入药，内服有祛风解毒的功效，外敷治疗疮等。

【分布】城区到处可见。

45. 麦瓶草

【学名】*Silene conoidea* L.

【别称】净瓶、香炉草、米瓦罐、梅花瓶、麦石榴、瓶罐花

【识别特征】一年生草本，高达60厘米。全株被腺毛，茎丛生。基生叶匙形，茎生叶基部楔形，节间明显膨大，两面被短柔毛。二歧聚伞花序，花直立，花梗长1～3厘米，被腺柔毛；花萼圆形，基部纺锤形，果期膨大，下部宽卵形，纵脉30条，微凸；花瓣粉红色，爪不伸出花萼，具耳，副花冠窄披针形。蒴果梨状，黄色，有光泽，顶端6齿裂。种子肾形，暗褐色。花期5—6月，果期6—7月。

【用途】幼苗可食；全草入药，常用于治疗吐血、衄血、虚痨咳嗽、月经不调等。

【分布】藉河河滩常见。

46. 王不留行

【学名】: *Vaccaria hispanica*（*Mill.*）*Rauschert* Turcz.

【别称】奶米、王不留、麦蓝菜

【识别特征】一年生草本。茎直立，上部叉状分枝，节稍膨大。叶对生，粉绿色，卵状披针形或卵状椭圆形，基部稍连合而抱茎。聚伞花序顶生，花梗细长；萼筒有5条绿色宽脉，并具5棱；花瓣5片，淡红色，倒卵形，先端有不整齐小齿，基部有长爪。蒴果卵形，4齿裂，包于宿萼内。花期4—5月，果期5—6月。

【用途】花色鲜艳，可做观赏花卉；种子入药，用于治疗经闭、痛经、乳汁不下、乳痈肿痛、淋证涩痛等。

【分布】天水市中医院内大门中间花园。

47. 野棉花

【学名】*Anemone vitifolia* Buchanan-Hamilton ex de Candolle

【别称】猫爪花、湖北秋牡丹、铁钞、盖头花、铁丝筋

【识别特征】多年生草本。高60～100厘米，根状茎斜，木质。基生叶2～5枚，有长柄；叶片心状卵形或心状宽卵形，顶端3～5浅裂，叶缘疏生锯齿，背面密被白色短绒毛；叶柄具有柔毛。花葶粗壮，聚伞花序；苞片3枚，花梗密被短绒毛；萼片5枚，白色或带粉红色，倒卵形，外被白色绒毛；雄蕊长约为萼片长度的1/4，花丝丝形；子房密被棉毛。聚合果球形，瘦果具细柄，密被棉毛。花期6—8月。

【用途】根入药，用于治疗风湿关节痛、跌打损伤、咳嗽气喘等。

【分布】藉河河滩、羲皇大道、成纪大道绿化带可见。

48. 芹叶铁线莲

【学名】*Clematis aethusifolia* Turcz.

【别称】芹叶铁丝、芹叶铁线、断肠草

【识别特征】多年生草质藤本。茎纤细，有纵沟纹，幼苗期直立，成株后匍匐伏。2～3回羽状复叶或羽状细裂，末回裂片线形，顶端渐尖或钝圆，具一中脉，在表面下陷，在背面隆起。聚伞花序腋生，苞片羽状细裂；花钟状下垂；萼片4枚，淡黄色；雄蕊长为萼片的一半，花丝线性；子房扁平卵形，被短柔毛，花柱被绢状毛宿存。瘦果扁平，被短柔毛，密被白色柔毛。花期8—9月，果期9月。

【用途】根入药，用于治疗风湿性关节痛、筋骨拘挛、疮癣肿毒等。

【分布】藉河河滩常见。

49. 芍药

【学名】*Paeonia lactiflora* Pallas

【别称】将离、离草、婪尾春、余容、犁食、没骨花、黑牵夷

【识别特征】多年生草本。根粗壮分枝，黑褐色。茎无毛。上部茎生叶为三出复叶；下部基生叶为二回三出复叶；小叶先端渐尖，基部楔形或偏斜，具白色骨质细齿。花数朵，生茎顶和叶腋，萼片4枚，花瓣9～13片，花丝黄色；花盘顶端裂片纯圆；心皮（2）4～5枚，无毛。蓇葖果顶端具喙。花期4—5月，果期8月。。

【用途】芍药花大色艳，观赏性强；花瓣可以食用，如做芍药花粥、芍药花饼等；根入药，具有镇痉、镇痛、通经的功效。

【分布】藉河南路天水师范学院校园、藉河北路人民公园等处常见。

50. 牡丹

【学名】*Paeonia suffruticosa* Andrews

【别称】鼠姑、白茸、木芍药、百雨金、洛阳花、富贵花

【识别特征】多年生落叶灌木。茎高达2米，茎分枝短而粗。叶通常为二回三出复叶，顶生小叶宽卵形。花单生枝顶，苞片5枚，萼片5枚，花瓣现多为重瓣，颜色变异很大，花药长圆形，花盘革质，杯状，心皮5枚，密生柔毛。蓇葖长圆形，密生黄褐色硬毛。花期4—5月，果期6—8月。

【用途】牡丹色、姿、香均俱佳，花大色艳，极具观赏性；牡丹花可食用；根入药，称“丹皮”，用于治疗吐血衄血、痛经、经闭、痈肿疮毒、跌扑伤痛等。

【分布】藉河南路天水师范学院校园、藉河北路人民公园等处常见；秦州建有南山牡丹园。

51. 紫斑牡丹

【学名】*Paeonia suffruticosa* Andr. var. *papaveracea* （Andr.）Kerner

【别称】甘肃牡丹、西北牡丹

【识别特征】落叶灌木，茎高达2米，分枝短而粗。叶为二至三回羽状复叶，小叶不分裂。花单生枝顶，直径10～17厘米；萼片5枚，花瓣5枚，花瓣内面基部具深紫色斑块，这是其与牡丹的最大区别。花盘革质，杯状，顶端具数个锐齿状裂片，完全包住心皮。蓇葖果长圆形，密生黄褐色硬毛。

【用途】紫斑牡丹花大、颜色鲜艳，常用作观赏植物；根入药，称“丹皮”，用于治疗吐血衄血、痛经经闭、痈肿疮毒、跌扑伤痛等。

【分布】藉河北路绿化带可见。

52. 日本小檗

【学名】*Berberis thunbergii* DC.

【别称】刺檗、红叶小檗、紫叶小檗

【识别特征】落叶小灌木。多分枝，枝条开展，具细条棱，幼枝淡红带绿色，无毛，老枝暗红色。叶薄纸质，倒卵形、匙形或菱状卵形。花2～5朵组成具总梗的伞形花序，花梗无毛；小苞片带红色，花黄色；外萼片卵状椭圆形，先端钝，带红色，内萼片阔椭圆形，先端钝圆；花瓣先端微凹，基部略呈爪状，具2枚近靠的腺体；雄蕊长3～5毫米；子房全胚珠1～2枚，无珠柄。浆果椭圆形，亮鲜红色。花期4—6月，果期7—10月。

【用途】果实鲜红色，挂果期长，是花、叶、果俱美的观赏植物；根茎入药，治疗结膜炎。

【分布】藉河南北路绿化带、藉河风情线迎宾桥等处常见。

53. 阔叶十大功劳

【学名】*Mahonia bealei*（Fort.）Carr.

【别称】土黄柏、土黄连、八角刺、刺黄柏、黄天竹

【识别特征】常绿灌木。单数羽状复叶，有叶柄，小叶7～15片，厚革质；侧生小叶无柄；顶生小叶较大，有柄，顶端渐尖；基部阔楔形或近圆形，每边有2～8个锯齿，边缘反卷，上面蓝绿色，下面黄绿色。总状花序簇生，花亮黄色至硫磺色；外萼片卵形，花柱极短，胚珠2枚。浆果倒卵形，蓝黑色。花期3—5月，果期5—8月。

【用途】阔叶十大功劳树形优美、叶形奇特、花色艳丽，可作为秋冬季节观赏树种；全株入药，有清热解毒、消肿、止泻的功效，治疗肺结核。

【分布】藉河北路绿化带。

54. 南天竹

【学名】*Nandina domestica* Thunb.

【别称】南天竺、红杷子、天烛子、红枸子、钻石黄

【识别特征】常绿小灌木。茎常丛生，幼枝常为红色，老后呈灰色。叶互生，集生于茎的上部，三回羽状复叶；2～3回羽片对生；小叶薄革质，披针形，顶端渐尖，基部楔形，全缘，背面叶脉隆起，无柄。圆锥花序直立，花白色，具芳香；萼片多轮，外轮萼片卵状三角形，最内轮萼片卵状长圆形；雄蕊6枚，花丝短。浆果球形，成熟时呈鲜红色。花期4—6月，果期5—11月。

【用途】枝条丛生，秋冬叶色变红，有红果实，经久不落，是赏叶观果的优良树种；根茎入药，用于治疗胃肠炎、结膜炎、百日咳等。

【分布】藉河南路人民公园、藉河风情线陇上尊裕段可见。

55. 玉兰

【学名】：*Magnolia denudata* Desr.

【别称】白玉兰、木兰、玉兰花、望春、应春花、玉堂春、玉兰

【识别特征】落叶乔木，具托叶痕，枝条伸展形成宽阔的树冠。叶纸质，常为倒卵形。花先叶开放，直立，白色，芳香；花梗显著膨大，密被淡黄色长绢毛；花被片9片，白色，基部常带粉红色；雌雄蕊多数，排列在柱状的花托上。聚合果圆柱形。花期3—4月，果期8—9月。

【用途】玉兰花大鲜艳，常作观赏植物；花入药，用于治疗头痛、鼻塞、急慢性鼻窦炎等。

【分布】自由路玉兰一条街、交通路、藉河南路等处多见。

56. 荷花玉兰

【学名】*Magnolia grandiflora* L.

【别称】广玉兰、洋玉兰、泽玉兰、木莲花

【识别特征】常绿乔木。小枝粗壮，具横隔的心。叶厚革质，多为长圆状椭圆形，基部楔形，叶面深绿色，有光泽，冬季时叶背面具锈色毛，无托叶痕。花白色，花被片肉质9～12枚，倒卵形，花丝紫色，雌蕊群密被长绒毛，花柱呈卷曲状。聚合蓇葖果密被褐色或淡灰黄色绒毛，蓇葖背裂。花期6—7月，果期9—10月。

【用途】荷花玉兰树姿雄伟，花色鲜艳，芳香馥郁，为公园、校园常见的园林绿化观赏树种；花入药，用于治疗高血压、偏头痛等。

【分布】藉河南路天水师范学院校园、天河广场等处可见。

57. 蜡梅

【学名】*Chimonanthus praecox*（L.）Link

【别称】金梅、蜡梅、蜡花、蜡梅花、蜡木、麻木紫、石凉茶、唐梅

【识别特征】落叶灌木。鳞芽被短柔毛，幼枝四方形。叶纸质，常卵圆形。花被片黄色，花内被片较短，基部具爪；雄蕊5～7枚，花药内弯，心皮7～14枚，花柱较子房长3倍。果托坛状，近木质，口部缢缩。花期11月至翌年3月，果期4—11月。

【用途】蜡梅花开于严冬之季，花色艳丽，主要用于园林观赏；根、叶入药，用于治疗跌打损伤、风湿麻木、风寒感冒等。

【分布】藉河南路天水师范学院校园等处较为常见。

58. 秃疮花

【学名】*Dicranostigma leptopodum* （Maxim.）Fedde

【别称】秃子花、勒马回陕西、兔子花

【识别特征】多年生草本。具淡黄色汁液，被短柔毛。多分枝，茎被白粉。基生叶丛生，叶片背面被白粉；茎生叶无柄，羽状全裂。聚伞花序，萼片2枚，早落；花瓣4片，黄色；雄蕊多数。花黄色，子房密被疣状短毛，花柱短，柱头2裂。蒴果线形，无毛。种子卵球形，红褐色，具网纹。花期3—6月，果期6—7月。

【用途】全草入药，用于治疗胃肠炎、牙痛等。

【分布】藉河河滩、师院路绿化带、羲皇大道、成纪大道等处常见。

59. 荷包牡丹

【学名】*Lamprocapnos speetabilis*（L.）*Fukuhara PL.* Lem.

【别称】荷包花、蒲包花、兔儿牡丹、铃儿草、鱼儿牡丹

【识别特征】直立草本。茎圆柱形，带紫红色。叶片三角形，二回三出全裂，第一回裂片具长柄，中裂片的柄较侧裂片的长，第二回裂片近无柄。总状花序，萼片披针形，玫瑰色，于花开前脱落；外花瓣紫红色至粉红色，下部囊状。花瓣片略呈匙形，先端圆形部分紫色，背部鸡冠状突起自先端延伸至瓣片基部；雄蕊束弧曲上升。花期4—6月。

【用途】花色艳丽，花朵玲珑，形似荷包，是盆栽和切花的良好品种；全草入药，有镇痛、解痉、利尿、除风、消疮毒等功效。

【分布】城区住宅小区常见。

60. 细果角茴香

【学名】*Hypecoum leptocarpum* Hook.f.et Thoms.

【别称】咽喉草、秦根花、角苗香、雪里青

【识别特征】一年生草本。茎丛生，多分枝。基生叶窄倒披针形，二回羽状全裂。二歧聚伞花序，花瓣淡紫色，外面2枚宽倒卵形，内面2枚3裂近基部，中裂片匙状圆形，侧裂片较长，长卵形或宽披针形。雄蕊长4～7毫米，花丝丝状，扁平，花药卵圆形；子房无毛，柱头2裂，裂片外弯。蒴果直立，在关节处分离，每节具1种子。花果期6—9月。

【用途】全草入药，用于治疗感冒发烧，肺炎、咳嗽等。

【分布】藉河河滩、城区道路两侧绿化带常见。

61. 虞美人

【学名】*Papaver rhoeas* L.

【别称】丽春花、赛牡丹、满园春、仙女蒿、虞美人草、舞草

【识别特征】一年生草本。茎、叶、花梗、萼片被淡黄色刚毛。茎多分枝。叶披针形或窄卵形，下部全裂，下部叶具柄，上部叶无柄。花单生茎枝顶端，花芽下垂，花瓣4片，紫红色，基部常具深紫色斑点；花丝丝状，花药黄色；子房无毛，柱头5～18裂，辐射状，连成盘状体，边缘具圆齿。蒴果。花期3—8月。

【用途】虞美人花色鲜艳，观赏性强；全草入药，用于治疗咳嗽、痢疾、腹痛等。

【分布】藉河北路东桥头绿化带偶见。

61. 油菜

【学名】*Brassica campestris* L.

【别称】芸薹、蔓芥

【识别特征】一年生草本。茎粗壮。基生叶及下部茎生叶呈琴状分裂，茎中部及上部的叶倒卵状椭圆形基部心形，半抱茎。总状花序，花瓣4枚，鲜黄色，呈倒卵形，上具明显的网脉，排列成十字形，全缘，具长爪；雄蕊6枚，4强，排列为2轮；雌蕊1枚，子房上位，1室；长角果，先端具一长喙。种子多数，近圆球形。花期4—5月。果期5—6月。

【用途】种子榨油；全草入药，具有散血、消肿的功效。

【分布】藉河河滩、成纪大道、羲皇大道两侧绿化带常见。

62. 荠菜

【学名】*Capsella bursa-pastoris*（Linn.）Medic.

【别称】扁锅铲菜、荠荠菜、地丁菜、地菜、荠、靡草、花花菜、菱角菜

【识别特征】一年生草本。基生叶丛生，呈莲座状，茎生叶披针形，基部箭形，抱茎，边缘有缺刻或锯齿。总状花序顶生，萼片长圆形；花瓣4枚，白色，卵形，有短爪。短角果倒三角形或倒心状三角形，扁平，顶端微凹；种子2行，长椭圆形，浅褐色。花果期3—6月。

【用途】嫩茎叶可食；全草入药，用于治疗痢疾、水肿等。

【分布】藉河河滩、成纪大道、羲皇大道两侧绿化带常见。

64. 群心菜

【学名】*Cardaria draba* （L.）Desv.

【别称】白头菜、灰白水芹、胡椒芹、白野草

【识别特征】多年生草本。茎直立，多分枝。基生叶无柄，倒卵状匙形，边缘有波状齿；茎生叶先端钝，基部心形，抱茎，两面被柔毛。总状花序圆锥状，花瓣白色，先端微凹，基部渐窄成爪。短角果，果瓣有脊及网纹，无毛；花柱宿存，种子棕色无翅。花期6—8月。

【用途】全草入药，用于治疗感冒、炎症、疮疖等。

【分布】藉河河滩常见。

65. 播娘蒿

【学名】*Descurainia sophia*（L.）Webb. ex Prantl

【别称】大蒜芥、米米蒿、麦蒿

【识别特征】一年生草本。被分枝毛，茎下部多毛。叶3回羽状深裂。萼片窄长圆形，背面具分叉柔毛。花瓣黄色，基部具爪；雄蕊比花瓣长1/3。长角果圆筒状，种子间缢缩，开裂；果瓣中脉明显。种子每室1行，小而多，淡红褐色，有细网纹。花果期4—6月。

【用途】种子榨油；种子入药，有利尿消肿、祛痰定喘的功效。

【分布】藉河河滩等处常见。

66. 独行菜

【学名】*Lepidium apetalum* Willd.

【别称】腺茎独行菜、北葶苈子、昌古

【识别特征】一年生草本。茎直立，有分枝，被头状腺毛。基生叶窄匙形，1回羽状浅裂或深裂；茎生叶向上渐由窄披针形至线形，无柄。总状花序。花瓣无或退化成丝状，短于萼片；雄蕊2或4枚。短角果近圆形或宽椭圆形，顶端微凹，有窄翅；果柄弧形，被头状腺毛。种子椭圆形，红棕色。花期4—8月，果期5—9月。

【用途】嫩茎叶可食；种子入药，用于治疗咳喘、水肿等。

【分布】藉河河滩、藉河南北路河堤常见。

67. 诸葛菜

【学名】*Orychophragmus violaceus* （L.）O. E. Schulz

【别称】二月蓝、二月兰

【识别特征】一年或二年生草本。茎直立，单或上部分枝。基生叶心形，锯齿不整齐；下部茎生叶大头羽状深裂或全裂，基部心形，有不规则钝齿，侧裂片2～6对；上部叶长基部耳状抱茎，锯齿不整齐。萼片筒状，花紫色；花瓣宽倒卵形。角果长线形，具4棱。种子黑棕色，有纵条纹。花期3—5月，果期5—6月。

【用途】北方地区少见的早春观花植物；种子富含亚油酸，可榨油。

【分布】人民公园、藉河北路绿化带可见。

68. 蔊菜

【学名】*Rorippa indica* （L.）Hiern

【别称】辣米菜、江剪刀草、印度蔊菜

【识别特征】一或二年生直立草本。叶互生，基生叶及茎下部叶具长柄，通常大头羽状分裂，顶端裂片大，边缘具不整齐牙齿。总状花序顶生或侧生，萼片4片，花瓣4片，黄色，基部渐狭成短爪，与萼片近等长；4强雄蕊。长角果。花期4—6月，果期6—8月。

【用途】嫩茎叶可食；全草入药，具有清热解毒、活血通络等功效；治黄疸病。

【分布】城区绿地中常见。

69. 沼生蔊菜

【学名】*Rorippa islandica*（Oed.）Borb.

【别称】水荠菜、大根荠菜

【识别特征】一或二年生草本。茎直立，分枝单一，具棱。基生叶叶片羽状深裂或大头羽裂，基部耳状抱茎；茎生叶向上渐小，近无柄，叶片羽状深裂或具齿，基部耳状抱茎。总状花序顶生，黄色，具纤细花梗，花瓣长倒卵形至楔形，雄蕊6枚。短角果果瓣肿胀。花期4—7月，果期6—8月。

【用途】嫩茎叶可食。

【分布】藉河河滩多见。

70. 菥蓂

【学名】*Thlaspi arvense* L

【别称】遏蓝菜、败酱草、野榆钱、苦芥

【识别特征】一年生草本。茎单一，直立，上部常分枝。基生叶有柄，茎生叶披针形，先端钝圆，基部箭形，抱茎，边缘有疏齿。总状花序顶生。萼片直立，卵形，先端钝圆；花瓣白色，长圆状倒卵形。短角果近圆形，边缘有宽翅，顶端微凹。种子倒卵形，褐色，有同心环纹。花期3—4月，果期5—6月。

【用途】嫩茎叶可食；种子富含神经酸，具有提高脑神经的活跃、防止脑神经衰弱的功效。

【分布】藉河河滩、城区绿化带多见。

71. 八宝景天

【学名】*Hylotelephium erythrostictum*（*Miq.*）H. Ohba

【别称】华丽景天、长药八宝、大叶景天、八宝、活血三七、对叶景天

【识别特征】多年生肉质草本植物。块根胡萝卜状。茎直立，全株青白色。叶常3～4片轮生，先端急尖，边缘有疏锯齿。伞房状聚伞花序着生茎顶，花密生，花瓣5枚，白色或粉红色；雄蕊10枚，花药紫色；心皮5枚，直立，基部几分离。花期8—9月。

【用途】花朵密集，色彩艳丽，常用作园林观赏植物；全草入药，用于治疗喉炎、荨麻疹、乳腺炎等。

【分布】成纪大道玉泉观绿化带、藉河风情线交通局段可见。

72. 海桐

【学名】*Pittosporum tobira var. tobira*

【别称】海桐花、山矾、七里香、宝珠香、山瑞香

【识别特征】常绿灌木。叶聚生枝顶，革质，倒卵形，先端钝，基部窄楔形。伞形或伞房花序顶生，密被褐色柔毛。花白色，有香气，后黄色；萼片卵形，被柔毛；雄蕊2型。蒴果球形。种子红色。

【用途】海桐枝繁叶茂，树冠呈球形；叶色浓绿而有光泽，初夏花朵洁白芳香，入秋果实开裂露出红色种子，是理想的花坛造景树或园林绿化树种；根、叶和种子均入药，根能祛风活络、散瘀止痛，叶能解毒、止血，种子能涩肠、固精。

【分布】藉河北路天水市交通局前绿化带可见。

73. 二球悬铃木

【学名】*Platanus acerifolia* Willd.

【别称】英国梧桐

【识别特征】落叶大乔木，树皮大片块状脱落。叶阔卵形，嫩时两面有灰黄色被毛，基部截形或微心形，上部掌状5裂；中央裂片阔三角形，宽度与长度约相等；裂片全缘或有1～2个粗大锯齿；掌状脉3条；叶柄密生黄褐色毛被。花通常4朵。花瓣矩圆形，长为萼片的2倍；雄蕊比花瓣长，盾形药隔有毛，头状果序1～2个，直径约2.5厘米，花柱宿存长，刺状。坚果之间无突出的绒毛。

【用途】著名的城市绿化树种、优良遮荫树及行道树；新鲜叶可作饲料、食用菌培养基、提取蛋白等。

【分布】藉河南路天水师范学院校园、藉河北路道路两侧绿化带可见。

74. 毛桃

【学名】*Amygdalus persica*（L.）Batsch

【别称】桃子

【识别特征】落叶小乔木。叶卵状披针形或圆状披针形，边缘具有细密锯齿。花单生，先叶开放；萼片5片，外面密被白色短柔毛；花瓣5片，基部具短爪，粉红色或白色；雄蕊多数；子房1室，胚珠2枚，种子1粒。核果近球形或卵形，密被短毛。花期3月，果期7—9月。

【用途】果皮可食；种仁可入药，用于治疗跌打肿痛、肠燥便秘、气逆咳喘等。

【分布】藉河南路南山体育场绿化带、藉河北路人民公园、岷山厂等处常见。

75. 红花碧桃

【学名】*Amygdalus persica* 'Rubro-plena'

【别称】千叶桃花

【识别特征】乔木，树冠宽广而平展。叶长圆披针形，先端渐尖，基部宽楔形，叶边缘具细锯齿或粗锯齿，齿端具腺体或无腺体。花单生，先于叶开放，萼筒钟形，被短柔毛，绿色而具红色斑点；花瓣粉红色，花药绯红色；子房被短柔毛。果实外面密被短柔毛，核大，两侧扁平，顶端渐尖。花期3—4月，果期8—9月。

【用途】红花碧桃叶片颜色鲜红，观赏性强；桃胶可食用，具有破气、活血的功效。

【分布】藉河北路、南路绿化带可见。

76. 重瓣榆叶梅

【学名】*Amygdalus triloba f. multiplex*（Bge.）Rehd.f. plena Dipp.

【别称】榆叶梅

【识别特征】落叶灌木。具多数短小枝，短枝上的叶常簇生，一年生枝上叶互生；叶基部宽楔形，边缘具粗重锯齿上面疏被毛或无毛，下面短柔毛。花重瓣，花1～2朵，先于叶开放，深粉红色，萼筒呈广钟状，长3～5毫米，雄蕊20枚，子房密被短绒毛；子房密被短柔毛，花柱稍长于雄蕊。子房下位；核果。花期3—4月，果期5—6月。

【用途】开花早，花色鲜红，常用于园林观赏植物。

【分布】藉河南路天水市中医院前绿化带多见。

77. 杏

【学名】*Armeniaca vulgaris* Lam.

【别称】甜梅、叭达杏、杏果、杏实

【识别特征】乔木。小枝无毛。叶宽卵形或圆卵形，有钝圆锯齿，两面无毛或下面脉腋具柔毛。花单生，先叶开放，花萼紫绿色，萼筒圆筒形，基部被柔毛，萼中卵形，花后反折；花瓣白色带红晕；花柱下部具柔毛。核果球形，果肉多汁，熟时不裂；两侧扁平，顶端钝圆。种仁味苦或甜。花期3—4月，果期6—7月。

【用途】果皮可食用；种仁可入药，用于治疗咳嗽、气喘等。

【分布】藉河南路两侧常见。

78. 欧洲甜樱桃

【学名】*Cerasus avium*（L.）Moench.

【别称】迎庆果、樱珠、车厘子

【识别特征】乔木。树皮黑褐色，小枝灰棕色。叶片倒卵状椭圆形先端骤尖，基部楔形，叶边有缺刻状圆钝重锯齿，叶背面淡绿色，被稀疏长柔毛。伞形花序，有花3～4朵，萼筒钟状，花瓣白色，先端微下凹；雄蕊约3～4枚；花柱与雄蕊近等长，无毛。核果近球形或卵球形，红色至紫黑色。花期4—5月，果期5—6月。

【用途】秦州区特色水果，生食或制罐头；樱桃可制糖浆。

【分布】天水师范学院植物园有栽培。

79. 日本晚樱

【学名】*Cerasus serrulata var. lannesiana*（Carri.）Makino

【别称】重瓣樱花

【识别特征】乔木。叶片常卵状椭圆形，先端渐尖，基部圆形，边有渐尖单锯齿及重锯齿，齿端有长芒；托叶线形。伞房花序总状，有花2～3朵；总苞片褐红色；花瓣粉色，倒卵形，先端下凹；雄蕊约38枚；花柱无毛。核果球形，紫黑色。花期4—5月，果期6—7月。

【用途】日本晚樱花大而芳香，盛开时繁花似锦，常用作园林观赏。

【分布】藉河南路、北路道路两侧多见。

80. 贴梗海棠

【学名】*Chaenomeles speciosa* （Sweet）Nakai

【别称】贴梗木瓜、铁脚梨、皱皮木瓜

【识别特征】落叶灌木。枝条直立开展，有刺；小枝圆柱形，微屈曲，无毛，紫褐色或黑褐色，有疏生浅褐色皮孔；叶片卵形至椭圆形，托叶大形，草质，肾形或半圆形。花先叶开放，3～5朵簇生于二年生老枝；花瓣倒卵形或近圆形，猩红色，基部下延成爪状；雄蕊45～50枚；花柱5枚，基部合生。果实球形或卵球形。花期3—5月，果期8—10月。

【用途】花色艳丽，为著名的观花植物；果实可以食，亦可入药，用于治疗吐泻腹痛、风湿关节痛、腰膝酸痛等。

【分布】藉河北路绿化带、藉河南路天水师范学院校园可见。

81. 平枝栒子

【学名】*Cotoneaster horizontalis* Decne.

【别称】铺地蜈蚣、小叶栒子、矮红子

【识别特征】落叶灌木。枝水平开张成整齐两列状。叶片近圆形或宽椭圆形，先端急尖，基部楔形，全缘；托叶钻形。花1～2朵，花萼筒钟状，萼片三角形，先端急尖，外面微具短柔毛，内面边缘有柔毛；花瓣粉红色；雄蕊约12枚，短于花瓣；花柱常为3枚，离生，短于雄蕊；子房顶端有柔毛。果实近球形，常具3小核。花期5—6月，果期9—10月。

【用途】秋季叶片凋零后，果实累累，可作观果植物，也可作盆景。

【分布】藉河北路绿化带可见。

82. 枇杷

【学名】*Eriobotrya japonica* （Thunb.）Lindl.

【别称】芦橘、又名金丸、芦枝

【识别特征】常绿小乔木。小枝粗壮，黄褐色，密生锈色或灰棕色绒毛。叶片革质，披针形或倒披针形。圆锥花序，萼片三角状卵形，花瓣白色，基部有爪；雄蕊20枚，花柱5枚，离生。果实球形，黄色或橘黄色，外有锈色柔毛；种子1～5粒，球形或扁球形，直径1～1.5厘米，褐色，光亮，种皮纸质。花期10—12月，果期5—6月。

【用途】果实可食，也可入药，有润肺止咳的功效。

【分布】莲亭路液氮站小区、枣园路香榭丽舍小区可见。

83. 棣棠花

【学名】*Kerria japonica*（*L.*）*DC.*

【别称】棣棠、地棠、蜂棠花、黄度梅、金棣棠梅、黄榆梅

【识别特征】落叶灌木，高1～3米；小枝绿色，常拱垂。叶互生，三角状卵形或卵圆形，顶端长渐尖，基部圆形、截形或微心形，边缘有尖锐重锯齿，两面绿色，上面无毛或有稀疏柔毛，下面沿脉或脉腋有柔毛；叶柄长5～10毫米，无毛；托叶膜质，带状披针形，有缘毛，早落。单花，着生在当年生侧枝顶端，花梗无毛；花直径2.5～6厘米；萼片卵状椭圆形，顶端急尖，有小尖头，全缘，无毛，果时宿存；花瓣黄色，宽椭圆形，顶端下凹，比萼片长1～4倍。瘦果褐色或黑褐色，表面无毛，有皱褶。

【用途】棣棠花花色艳丽，常用作园林观赏绿化植物；花入药，有消肿、止痛、止咳、助消化等功效。

【分布】秦州区藉河南路绿化带常见。

84. 西府海棠

【学名】*Malus × micromalus* Makino

【别称】海红、子母海棠、小果海棠

【识别特征】落叶小乔木。叶片先端急尖或渐尖，基部楔形，边缘有尖锐锯齿，托叶膜质。伞形总状花序，集生于小枝顶端，苞片膜质；花萼筒外面密被白色长绒毛，花瓣粉红色；雄蕊约20枚，花丝长短不等，比花瓣稍短；花柱5枚，基部具绒毛，约与雄蕊等长。果实近球形，红色，萼洼梗洼均下陷，萼片多数脱落，少数宿存。花期4—5月，果期8—9月。

【用途】西府海棠树姿直立，花朵密集，具有较强的观赏性；果实可食，形态和味道似山楂。

【分布】藉河北路双桥附近绿化带可见。

85. 粉花绣线梅

【学名】*Neillia rubiflora* D. Don

【别称】粉花梅

【识别特征】灌木。小枝圆柱形稍有棱角。叶片先端渐尖，基部心形，边缘有尖锐重锯齿，叶柄长1～2厘米，微被柔毛；托叶膜质，先端渐尖，全缘。顶生总状花序，通常有花5～12朵，粉白色；雄蕊25～30枚，着生在萼筒边缘，花丝短；花柱顶生直立。蓇葖果；宿存萼筒外被短柔毛和疏生腺毛。花期6—7月，果期8—9月。

【用途】粉花绣线梅花色妖艳，枝叶繁茂，常用于城市绿化。

【分布】藉河南路迎宾桥附近绿化带可见。

86. 石楠

【学名】*Photinia serrulata* Lindl.

【别称】红树叶、石岩树叶、水红树、山官木、细齿石楠

【识别特征】常绿灌木。叶片革质，先端尾尖，基部圆形，边缘有疏生具腺细锯齿，近基部全缘，中脉显著。复伞房花序顶生，花密生，花瓣白色，雄蕊20枚，外轮较花瓣长，内轮较花瓣短，花药带紫色；花柱2枚，基部合生，柱头头状，子房顶端有柔毛。果实球形，红色，后成褐紫色，有1粒种子；种子卵形。花期6—7月，果期10—11月。

【用途】石楠枝繁叶茂，早春白花似雪，秋季红果累累，是园林绿化中重要的观赏树种；根和叶入药，用于治疗风寒感冒、跌打损伤等。

【分布】秦州区龙城广场、藉河北路绿化带可见。

87. 红叶石楠

【学名】*Photinia* × *fraseri* Dress

【别称】火焰红、千年红、红罗宾、红唇、酸叶石楠、酸叶树

【识别特征】常绿小乔木或灌木。属于杂交种。树干及枝条上有刺；幼枝呈棕色，贴生短毛。嫩叶鲜红，夏季转为亮绿色，叶片为革质，且叶片表面的角质层非常厚；叶端渐尖而有短尖头，叶基楔形，叶缘有带腺的锯齿。花多而密，呈顶生复伞房花序；花序梗，花柄均贴生短柔毛；花白色，直径1～1.2厘米。梨果黄红色。花期5—7月，果期9—10月。

【用途】红叶石楠叶片鲜红，具有极强的观赏性。

【分布】青年北路、藉河南、北路绿化带多见。

88. 二裂委陵菜

【学名】*Potentilla bifurca* L.

【别称】地红花、黄瓜瓜苗、黄瓜绿草

【识别特征】多年生草本或亚灌木。根圆柱形木质。花茎直立或上升，密被疏柔毛或微硬毛。羽状复叶，有小叶5～8对，最上面2～3对小叶基部下延与叶轴汇合，连叶柄长3～8厘米，两面贴生疏柔毛；下部叶的托叶膜质；上部茎生叶的托叶草质。近伞房状聚伞花序，顶生，花瓣黄色，倒卵形，顶端圆钝，萼片卵形，先端渐尖；副萼片椭圆形，先端急尖或钝，比萼片短或近等长，外面被疏柔毛；比萼片稍长；心皮沿腹部有稀疏柔毛；花柱侧生。花果期5—9月。

【用途】可作饲料牧草，羊喜食。

【分布】藉河河滩常见。

89. 朝天委陵菜

【学名】*Potentilla supine* L

【别称】伏委陵菜、仰卧委陵菜、老鹤筋、老鸹金、老鸹筋

【识别特征】一或二年生草本。茎平展，叉状分枝，被疏柔毛。基生叶羽状复叶，最上面1～2对小叶基部下延与叶轴合生，伞房状聚伞花序；花梗常密被短柔毛，花瓣黄色，倒卵形，顶端微凹；萼片三角卵形，顶端急尖，副萼片长椭圆形，顶端急尖，比萼片稍长或近等长；花柱近顶生，基部乳头状膨大，花柱扩大。瘦果长圆形。花果期3—10月。

【用途】全草入药，用于治疗感冒发热、肠炎、痢疾、出血等。

【分布】藉河河滩可见。

90. 绢毛匍匐委陵菜

【学名】*Potentilla reptans* L. var. *sericophylla* Franch

【别称】五爪龙、金棒锤、金金棒、绢毛细蔓萎陵菜

【识别特征】多年生匍匐草本。三出掌状复叶，小叶下面及叶柄伏生绢状柔毛，花常单生，被疏柔毛；副萼片外面被疏柔毛，果时显著增大；花瓣黄色，宽倒卵形，顶端显著下凹，比萼片稍长；花柱近顶生，柱头扩大。瘦果黄褐色，卵球形，外面被显著点纹。花果期5—7月。

【用途】绢毛匍匐委陵菜花较大，颜色鲜艳，可用于观赏；块根入药，有发表、止咳的功效；嫩叶捣烂外敷，可治疗疮疖。

【分布】藉河河滩可见。

91. 紫叶李

【学名】*Prunus Cerasifera* Ehrhar *f. atropurpurea* （Jacq.）Rehd.

【别称】红叶李、樱桃李

【识别特征】小乔木。多分枝，枝条细长，开展，暗灰色。叶片先端急尖，基部楔形或近圆形，边缘有圆钝锯齿，托叶膜质，披针形，先端渐尖，边缘有带腺细锯齿。花1朵，花瓣白色，着生在萼筒边缘；雄蕊25～30枚，花丝长短不等，排成不规则2轮，比花瓣稍短；雌蕊1枚，心皮被长柔毛。核果。花期4月，果期8月。

【用途】紫叶李生长季节叶片都为紫红色，可供观赏。

【分布】城区各处绿化带常见。

92. 火棘

【学名】*Pyracantha fortuneana* （Maxim.）Li

【别称】火把果、救军粮、红子刺、吉祥果

【识别特征】常绿灌木。侧枝短，先端成刺状，嫩枝外被锈色短柔毛。叶倒卵形或倒卵状长圆形，先端圆钝或微凹，有时具短尖头，基部楔形，下延至叶柄。花瓣白色，雄蕊20枚，花柱5枚，离生。果橘红或深红色。花期5—7月，果期8—11月。

【用途】火棘树形优美，夏天花朵成团，冬天红果累累，可作绿篱及盆景原料；果实可食；根、果实、叶、茎皮入药，具有清热止渴、收敛止泻等功效。

【分布】藉河南路河堤大面积栽培。

93. 月季

【学名】Rosa chinensis Jacq.

【别称】月月红、月月花、长春花、四季花、胜春

【识别特征】直立灌木。小枝粗壮，有短粗的钩状皮刺。小叶3～5片，宽卵形或卵状长圆形，有锐锯齿，叶柄较长，有散生皮刺和腺毛，托叶大部贴生叶柄。花集生或单生，萼片卵形，先端尾尖，常有羽状裂片，花瓣重瓣至半重瓣，红色、粉红色至白色，花柱离生，伸出花萼，约与雄蕊等长。果卵球形或梨形，红色。花期4—9月，果期6—11月。

【用途】月季花期长，花朵鲜艳，常作观赏植物；花可提取香料；根、叶、花均可入药，具有活血消肿、消炎解毒等功效。

【分布】城区常见。

94. 七姐妹

【学名】*Rosa multiflora* Thunb. *f.platyphylla*（*thory*）*Rhder et E. H. Wilson*

【别称】七姊妹

【识别特征】攀援灌木。叶互生，奇数羽状复叶，具托叶，小叶5～9片，边缘有尖锐单锯齿。花常7～10朵簇生在一起，排成圆锥状花序，花梗长1.5～2.5厘米，无毛或有腺毛，有时基部有篦齿状小苞片；花瓣为重瓣，多为粉红色；花柱结合成束，比雄蕊稍长。果近球形。花期5—6月。

【用途】七姐妹开花时花团锦簇，鲜红艳丽，常用于观赏；也可作为护坡及棚架材料。

【分布】羲皇大道征稽站、双桥中路等处可见。

95. 黄刺玫

【学名】*Rosa xanthina* Lindl.

【别称】刺玫花、黄刺莓、破皮刺玫、刺玫花

【识别特征】直立灌木。枝粗壮，密集，披散；小枝无毛，有散生皮刺。小叶7～3枚，叶轴和叶柄有稀疏柔毛和小皮刺；托叶带状披针形，大部贴生叶柄，离生部分耳状，边缘有锯齿的腺。花单生叶腋，单瓣或重瓣，黄色，花瓣宽倒卵形，先端微凹；花柱离生，被长柔毛，微伸出萼筒，比雄蕊短。萼片反折。蔷薇果。花期4—5月，果期7—8月。

【用途】黄刺玫花色鲜艳，香气宜人，常用做观赏植物；花、果入药，具有理气活血、调经健脾等功效。

【分布】藉河南路南大桥绿化带可见。

96. 华北珍珠梅

【学名】*Sorbaria kirilowii* （Regel）Maxim.

【别称】吉氏珍珠梅、珍珠树、干狼柴

【识别特征】灌木。小枝圆柱形，稍有弯曲，光滑无毛。羽状复叶，小叶片13～21片对生。顶生大型密集的圆锥花序，花瓣倒卵形或宽卵形，先端圆钝，基部宽楔形，长4～5毫米，白色；雄蕊20枚，着生在花盘边缘；花盘圆杯状；心皮5枚，无毛，花柱稍短于雄蕊。蓇葖果，萼片宿存，反折。花期5—6月，果期7—10月。

【用途】华北珍珠梅抗污染，具有净化空气作用；花小洁白密集，花期较长，常用于观赏。

【分布】藉河南路石马坪中学附近绿化带可见。

97. 麻叶绣线菊

【学名】*Spiraea cantoniensis* Lour.

【别称】麻叶菊

【识别特征】灌木。小枝呈拱形弯曲。叶菱状披针形或菱状长圆形，先端尖，基部楔形，近中部以上具缺刻状锯齿，两面无毛，具羽状脉。伞形花序具多花，花瓣白色，雄蕊20～28枚；花柱顶生，宿存萼片直毛，花柱短于雄蕊。蓇荚果直立开张，无毛，立开张。花期5月，果期7—9月。

【用途】花色洁白如雪，可用于园林观赏，也可用作切花；根、叶、果实入药，用于治疗跌打损伤、疥癣等。

【分布】羲皇大道迎宾桥绿化带、藉河南路天水师范学院校园等处可见。

98. 黄果悬钩子

【学名】*Rubus xanthocarpus* Bureau et Franch.

【别称】草莓子、黄莓子

【识别特征】低矮半灌木。根状茎匍匐，木质。茎直立、具腺毛。叶互生，边缘锯齿，有叶柄；托叶与叶柄合生，不分裂，宿存。花两性，萼片直立或反折，果时宿存；花瓣白色，基部有长爪；雄蕊多数，心皮多数。果实为由小核果集生于花托上而成聚合果，成熟时常呈黄色。花期5—6月，果期6—7月。

【用途】果实可食，酸甜可口；全草入药，具有消炎、止痛等功效。

【分布】七里墩藉河河滩多见。

99. 小果蔷薇

【学名】*Rubus xcymosa Trattinnick.*

【别称】小蔷薇

【识别特征】攀援灌木。小枝圆柱形，有钩状皮刺。小叶3～5片，连叶柄长5～10厘米；小叶片边缘有紧贴或尖锐细锯齿，中脉突起，托叶膜质，离生。复伞房花序，花瓣白色，基部楔形；花柱离生，稍伸出花托口外，与雄蕊近等长，密被白色柔毛。果球形，成熟时呈红色，萼片脱落。花期5—6月，果期7—11月。

【用途】全草可作饲料；果实、根入药，用于治疗风湿关节病、跌打损伤等。

【分布】藉河南路天水师范学院西区校墙可见。

100. 蕤核

【学名】*Prinsepia uniflora* Batal.

【别称】酸枣、酸马录

【识别特征】灌木。枝刺钻形，老枝紫褐色，树皮光滑。叶互生或丛生，叶片长圆披针形或狭长圆形。花单生或2～3朵、簇生于叶丛内，萼筒陀螺状；花瓣白色，有紫色脉纹，雄蕊10枚，花药黄色。核果球形，熟后红褐色或黑褐色，有光泽。花期5月，果期8—9月。

【用途】果实可食；叶、果、根均可入药，蕤核核仁，称为“蕤仁”，是名贵眼科良药，具有清肝明目、退翳、止衄、健脑、安神等功效。

【分布】七里墩藉河河滩可见。

101. 合欢

【学名】*Albizia julibrissin* Durazz.

【别称】马缨花、绒花树、合昏、夜合、乌绒

【识别特征】落叶乔木。二回羽状复叶，托叶线状披针形，早落；总叶柄长3～5厘米，总花柄近基部及最顶1对羽片着生处各有一枚腺体，小叶10～30对，线形至长圆形，向上偏斜。头状花序在枝顶排成圆锥花序，花粉红色，花萼管状，雄蕊多数，基部合生，花丝细长；子房上位，花柱几与花丝等长，柱头圆柱形。荚果带状。花期6—7月，果期8—10月。

【用途】可用作园景树、行道树；花、枝、树皮入药，有解郁安神、理气开胃等功效。

【分布】东桥头绿化带、藉河南路石马坪中学绿化带可见。

102. 紫荆

【学名】*Cercis chinensis* Bunge

【别称】裸枝树、紫珠

【识别特征】灌木。叶纸质，近圆形或三角状圆形，先端急尖，基部心形。花紫红色或粉红色，2～10朵成束，簇生于主干和老枝上，通常先于叶开放，嫩枝或幼株上的花则与叶同时开放，龙骨瓣基部具深紫色斑纹；子房后期密被短柔毛，有胚珠6～7颗。荚果扁狭长形，花期3—4月，果期8—10月。

【用途】早春叶前开花，枝干均布满紫花，色泽艳丽，是春季重要的观赏灌木；树皮可入药，有清热解毒、活血行气、消肿止痛等功效。

【分布】藉河南路南山体育场附近河堤可见。

103. 甘草

【学名】*Glycyrrhiza uralensis* Fisch.

【别称】甜草根、红甘草、粉甘草、乌拉尔甘草

【识别特征】多年生草本。根与根状茎粗壮，外皮褐色，里面淡黄色。羽状复叶，叶柄密被褐色腺点和短柔毛；小叶5～17片，两面均密被黄褐色腺点和短柔毛。总状花序腋生；花冠紫色，花序轴和花萼均被黄色腺点和短柔毛，子房密被刺毛状腺体。荚果线形，弯曲呈镰刀状，外面有瘤状突起和刺毛状腺体。种子肾形。花期6—8月，果期7—10月。

【用途】根入药，用于治疗咳嗽气短，脾胃虚弱等。

【分布】羲皇大道绿化带可见。

104. 红花岩黄芪

【学名】*Hedysarum multijugum* Maxim.

【别称】红黄芪、黄芪

【识别特征】半灌木。茎被贴优柔毛，具纵沟纹。奇数羽状复叶，小叶11～41片；叶片卵形、椭圆形或倒卵形，先端钝或微凹，基部近圆形，上面无毛，密布小斑点，下面密被贴伏短柔毛。总状花序腋生，花9～25朵，蝶形花冠紫红色，有黄色斑点，旗瓣和龙骨瓣近等长，翼瓣短；雄蕊10枚，二体，花柱丝状，弯曲。荚果扁平，2～3节。花期5—6月，果期7—9月。

【用途】根入药，用于治疗气短心悸、子宫脱垂、体虚浮肿、慢性肾炎、痈疽难溃等。

【分布】藉河河滩可见。

105. 百脉根

【学名】*Lotus corniculatus* L.Sp. Pl.

【别称】五叶草、牛角花

【识别特征】多年生草本。茎丛生，实心，近四棱形。羽状复叶小叶5枚，顶端3小叶，基部2小叶呈托叶状，纸质。伞形花序，花3～7朵集生于总花梗顶端；花冠黄色或金黄色，旗瓣扁圆形，瓣片和瓣柄几等长，翼瓣和龙骨瓣等长，均略短于旗瓣，龙骨瓣呈直角三角形弯曲，喙部狭尖；二体雄蕊，花丝分离部略短于雄蕊筒。花期5—9月，果期7—10月。

【用途】全草入药，用于治疗虚劳、阴虚发热、口渴等。

【分布】藉河南路藉河风情线天水市公安局秦州分局前绿化带常见。

106. 天蓝苜蓿

【学名】*Medicago lupulina* L.

【别称】杂花苜蓿

【识别特征】草本。全株被柔毛或有腺毛，茎常平卧，多分枝。羽状三出复叶，顶生小叶较大；托叶卵状披针形。花10～15朵聚集成头状花序；花萼钟状，有柔毛；花冠黄色，旗瓣近圆形。荚果肾形，表面具同心弧形脉纹，熟时变黑；种子1粒，卵形，褐色，平滑。花期6—7月，果期8—10月。

【用途】草质优良，常作动物饲料。

【分布】城区校园、公园草坪常见。

107. 毛洋槐

【学名】*Robinia hispida* L.

【别称】毛刺槐、江南槐、粉花刺槐、粉花洋槐、红毛洋槐、无刺槐、紫雀花

【识别特征】灌木。叶轴被刚毛及白色短曲柔毛，上有沟槽，小叶5～7对。总状花序腋生，花3～8朵，苞片卵状披针形，花萼紫红色，花冠红色至玫瑰红色，花瓣具柄；二体雄蕊，柱头顶生。荚果线形，密枝粗硬腺毛，种子3～5粒。花期5—6月，果期7—10月。

【用途】花大，色泽艳丽，宜做观赏植物及蜜源植物。

【分布】藉河南路天水师范学院校园、羲皇大道迎宾桥附近绿化带常见。

108. 白花草木樨

【学名】*Melilotus albus* Medic. *ex* Desr

【别称】白香草木樨、白甜车轴草

【识别特征】草本植物。茎直立，圆柱形，中空，多分枝。羽状三出复叶；托叶尖刺状锥形；小叶长圆形或倒披针状长圆形，先端钝圆，基部楔形，边缘疏生浅锯齿，上面无毛，下面被细柔毛。总状花序，腋生，花冠蝶形，白色。荚果椭圆形至长圆形，先端锐尖，具尖喙。种子卵形，棕色。花期5—7月，果期7—9月。

【用途】生长快速，茂盛，为优良的牧草和绿肥植物。

【分布】藉河河滩常见。

109. 草木樨

【学名】*Melilotus officinalis* （L.） Pall.

【别称】铁扫把、省头草、辟汗草、野苜蓿

【识别特征】一或二年生草本。茎直立，多分枝。羽状三出复叶，小叶椭圆形先端钝，基部楔形，叶缘有疏齿，托叶条形。总状花序，腋生，花萼钟状，具5齿，花冠蝶形，黄色，旗瓣长于翼瓣。荚果成熟时近黑色，具网纹，含种子1粒。

【用途】全草入药，用于治疗口臭、头胀、头痛、疟疾、痢疾等。

【分布】藉河河滩常见。

110. 槐

【学名】*Sophora japonica* L.

【别称】槐树、国槐、豆槐、白槐、家槐

【识别特征】落叶乔木。树皮灰褐色，纵裂。叶柄基部膨大，小叶7～15片，先端渐尖，具小尖头，基部圆或宽楔形，上面深绿色，下面苍白色，疏被短伏毛后无毛；叶柄基部膨大。圆锥花序顶生，花冠乳白或黄白色，旗瓣近圆形，有紫色脉纹，具短爪；雄蕊10枚，不等长，子房近无毛。荚果串珠状，中果皮与内果皮肉质，具1～6粒种子，种子卵圆形，间缢缩不明显，排列较紧密。花期7—8月，果期8—10月。

【用途】槐枝叶繁茂，绿荫如盖，果实形状独特，是北方常见的园林绿化树种；根、枝、叶和果实均可入药，治疗痔疮、疥癣等。

【分布】伏羲庙、解放路常见。

111. 刺槐

【学名】*Robinia pseudoacacia* L.

【别称】洋槐、刺儿槐

【识别特征】落叶乔木。茎具托叶刺。羽状复叶，小叶2～12对，常对生，常为卵状椭圆形，先端圆或稍凹。总状花序腋生，下垂；花序轴与花梗被平伏细柔毛；花萼斜钟形，花冠白色，花瓣均具瓣柄，旗瓣近圆形，反折，翼瓣斜倒卵形，与旗瓣几等长，龙骨瓣镰状，三角形；二体雄蕊；子房线形，无毛，花柱钻形，顶端具毛，柱头顶生。荚果线状，果颈短，具2～12粒种子。花期4—6月，果期8—9月。

【用途】叶色鲜绿，花色鲜艳，适宜于做园林绿化植物；花可食用。

【分布】城区各处常见。

112. 白车轴草

【学名】*Trifolium repens* L

【别称】白花苜蓿、金花草

【识别特征】多年生草本。掌状三出复叶；托叶卵状披针形，膜质，基部抱茎成鞘状，离生部分锐尖；小叶倒卵形至近圆形，先端凹头至钝圆，基部楔形渐窄至小叶柄。花序球形，顶生密集，开花立即下垂；花冠白色，子房线状长圆形，花柱比子房略长。荚果长圆形，种子阔卵形。花期5—10月。

【用途】三叶草叶形独特，花期久，常用作绿地植物栽培；全草可入药，具有清热凉血、安神镇痛、祛痰止咳等功效。

【分布】城区校园、公园、道路两侧绿化带常见。

113. 披针叶黄华

【学名】*Thermopsis lanceolata* R. Br.

【别称】黄花苦豆子、野决明

【识别特征】多年生草本。全株被密生白色长柔毛。小叶常为3片；叶片常为倒披针形，先端急尖，基部楔形，背面密生紧贴的短柔毛；托叶2片，披针形，基部连合。顶生总状花序，蝶形花冠，黄色，翼瓣稍短，龙骨瓣半圆形，短于翼瓣；雄蕊10枚，分离，稍弯。荚果扁，先端有长喙，密生短柔毛。种子黑褐色，有光泽。花期6—7月，果期8—9月。

【用途】全草入药，具有祛痰止咳、润肠通便的功效。

【分布】藉河河滩常见。

114. 广布野豌豆

【学名】*Vicia cracca* L.

【别称】山落豆秧

【识别特征】多年生草本。茎攀援或蔓生，有棱，被柔毛。偶数羽状复叶，叶轴顶端卷须有2～3分支，小叶5～12对互生，披针状线形，全缘。总状花序，花多数，10～40朵密集一面向着生于总花序轴上部；花冠紫色、蓝紫色或紫红色，旗瓣长圆形，中部缢缩呈提琴形，先端微缺，瓣柄与瓣片近等长；翼瓣与旗瓣近等长，明显长于龙骨瓣先端钝。子房有柄，胚珠4～7枚，花柱弯曲，与子房呈大于90°夹角，上部四周被毛。荚果。花果期5—9月。

【用途】水土保持绿肥作物；花期早，为早春蜜源植物；幼嫩作饲料，牛羊喜食。

【分布】道路两侧绿化带常见。

115. 野豌豆

【学名】*Vicia sepium* L.

【别称】马豌豆、马豆草、野绿豆、野菜豆

【识别特征】多年生草本。茎细弱，攀援，具棱，疏被柔毛。偶数羽状复叶长7～12厘米，卷须发达；托叶半戟形，具2～4裂齿；小叶5～7对，长卵圆形或长圆披针形，两面被疏柔毛，下面毛较密。总状花序有2～4（～6）花，红、紫色，花柱与子房联接处呈近90°夹角，柱头远轴面有一束黄髯毛。荚果扁，成熟时亮黑色，顶端具喙，微弯。花期5月，果期7—8月。

【用途】因植株秀美，花色艳丽，可作观赏花卉；全草入药，用于治疗肾虚腰痛、遗精、月经不调、咳嗽痰多等。

【分布】藉河北路绿化带常见。

116. 紫藤

【学名】*Wisteria sinensis*（*Sims*）Sweet

【别称】朱藤、招藤、招豆藤、藤萝

【识别特征】落叶藤本。茎右旋，枝较粗壮。奇数羽状复叶，托叶线形，早落；小叶9～13对，纸质，卵状椭圆形至卵状披针形，小叶柄长3～4毫米，被柔毛；小托叶刺毛状，长4～5毫米，宿存。总状花序，花序轴被白色柔毛，花萼杯状密被细绢毛，花冠紫色，旗瓣反折，基部有2枚柱状胼胝体；子房线形，密被绒毛，荚果密被灰色绒毛，悬垂枝上不脱落。种子褐色，具光泽，圆形。花期5月，果期5—8月。

【用途】紫藤恣态婀娜，紫花烂漫，是优良的观花藤本植物；花、种子入药，有解毒、止吐泻的功效；种子可以治疗筋骨疼；紫藤皮入药，有杀虫、止痛的功效，也可以治风痹痛、蛲虫病等。

【分布】藉河南路天水师范学院校园、藉河北路天水湖绿化带等处。

117. 黄花酢浆草

【学名】*Oxalis pes-caprae* L.

【别称】酸浆草、酸酸草、斑鸠酸、三叶酸、酸咪咪、钩钩草

【识别特征】多年生草本植物。根茎匍匐，具块茎。叶多数，基生；无托叶；叶柄基部具关节；小叶3片，倒心形，先端深凹陷，基部楔形，具紫斑。伞形花序基生，总花梗被柔毛，萼片披针形，先端急尖，边缘白色膜质，具缘毛；花瓣黄色，基部具爪；雄蕊10枚，2轮，内轮长为外轮的2倍，花丝基部合生；子房被柔毛。蒴果圆柱形，被柔毛。种子卵形。花期5—8月。

【用途】常用于校园、公园观赏植物栽培。

【分布】城区绿地常见。

118. 红花酢浆草

【学名】*Oxalis corymbosa* DC.

【别称】大酸味草、南天七、夜合梅、大叶酢浆草、三夹莲

【识别特征】多年生直立草本。地下球状鳞茎。叶基生，小叶3片，叶柄被毛；小叶片扁圆状倒心形，先端凹陷，两侧角圆形，背面浅绿色，托叶长圆形，顶部狭尖。二歧聚伞花序，萼片5枚，倒心形，披针形，花瓣淡紫色至紫红色，雄蕊10枚，5枚超出花柱，另5枚达子房中部；花丝被长柔毛；子房5室，花柱5枚，被锈色长柔毛。花果期3—9月。

【用途】花色鲜艳，密集，宜做观赏植物；全草入药，治疗跌打损伤、赤白痢，有止血的功效。

【分布】城区绿地常见。

119. 紫叶酢浆草

【学名】*Oxalis triangularis* A St.-Hil. cv. Urpurea.

【别称】三角酢浆草、紫叶山本酢浆草、酸浆草、酸酸草

【识别特征】多年生草本。株高15～30厘米。地下部分生长有鳞茎，鳞茎会不断增生。叶丛生于基部，掌状复叶由三片小叶组成，每片小叶呈倒三角形，宽大于长，颜色为艳丽的紫红色。伞形花序，花12～14朵，花冠5裂，淡紫色或白色，有毛。花期5—11月。

【用途】叶形奇特，叶色深紫，小花白色，适用花坛边缘栽植。

【分布】城区装饰花坛常见。

120. 牻牛儿苗

【学名】*Erodium stephanianum* Willd.

【别称】太阳花、狼怕怕

【识别特征】多年生草本。直根较粗壮。茎多数，仰卧或蔓生，具节，被柔毛。叶互生或对生，叶片通常掌状或羽状分裂，具托叶。花期直立，果期开展，花瓣紫红色，倒卵形；雄蕊10～15枚，2轮，被糙毛，花柱紫红色。果实为蒴果，通常由中轴延伸成喙。花期5—6月，果期8—9月。

【用途】全草入药，有祛风除湿、清热解毒的功效。

【分布】城区草地常见。

121. 鼠掌老鹳草

【学名】*Geranium sibiricum* L.

【别称】鼠掌草、西伯利亚老鹳草

【识别特征】多年生草本。茎纤细，仰卧或近直立，具棱槽，被倒向疏柔毛。叶对生，托叶披针形，基部抱茎，外被倒向长柔毛，下部叶掌状5深裂。花单生，花瓣倒卵形，淡紫色或白色，基部具短爪；花丝扩大成披针形，具缘毛；花柱不明显。蒴果被疏柔毛，果梗下垂。种子肾状椭圆形。花期6—7月，果期8—9月。

【用途】嫩叶常作饲料；全草入药，治疗疱疹性角膜炎等。

【分布】城区绿地常见。

122. 旱金莲

【学名】*Tropaeolum majus* L.

【别称】鼠掌草、西伯利亚老鹳草

【识别特征】蔓生一年生草本。叶互生，叶柄向上扭曲，叶圆形，具波状浅缺刻，下面疏被毛或有乳点。花黄、紫、橘红或杂色；花托杯状；花萼5片，长椭圆状披针形，其中1片成长距；花瓣5片，常圆形，边缘具缺刻。雄蕊8枚，长短互间，分离。果扁球形。花期6—10月，果期7—11月。

【用途】旱金莲因花朵形状奇特，茎柔弱多姿，具有极高的观赏价值。

【分布】城区小区常见栽培。

123. 蒺藜

【学名】*Tribulus terrestris* L.

【别称】白蒺藜、名茨、旁通、屈人

【识别特征】一年生草本。茎平卧，无毛。小叶对生，3～8对，被柔毛，全缘。花腋生，花梗短于叶，花黄色；花萼5片，宿存；花瓣5片；雄蕊10枚，生于花盘基部，基部有鳞片状腺体，子房5棱，柱头5裂，每室3～4胚珠。果有分果瓣5个，中部边缘有锐刺2枚，下部常有小锐刺2枚。花期5—8月，果期6—9月。

【用途】全草入药，用于治疗头痛眩晕、胸胁胀痛、乳闭乳痈、目赤翳障、风疹瘙痒等。

【分布】藉河北路坚家河蔬菜市场红桥北侧草地可见。

124. 花椒

【学名】*Zanthoxylum bungeanum* Maxim.

【别称】椴、大椒、秦椒、蜀椒

【识别特征】落叶小乔木。茎干被粗壮皮刺，枝有短刺，小枝上刺基部宽而扁，常呈长三角形。叶有小叶5～13片，叶轴常有狭窄叶翼，叶缘有细裂齿，齿缝有油点。花序顶生或生于侧枝之顶，雄花具5～8枚雄蕊，雌蕊2～4枚心皮。果紫红色，散生微凸起油点，顶端有甚短芒尖或无。花期4—5月，果期8—10月。

【用途】嫩叶可食用；果实入药，用于治疗胃腹冷痛、呕吐、泄泻、血吸虫病、蛔虫病等。

【分布】藉河南路天水师范学院校园、藉河北路绿化带偶见。

125. 臭椿

【学名】*Ailanthus altissima* （Mill.）Swingle

【别称】臭椿皮、大果臭椿

【识别特征】落叶乔木，嫩枝有髓。叶为奇数羽状复叶，小叶13～27片，对生或近对生，纸质，卵状披针形，先端长渐尖，基部平截或稍圆，全缘，具1～3对粗齿，齿背有腺体，下面灰绿色；叶片揉碎后具臭味。圆锥花序，花瓣5枚；雄蕊10枚，花丝基部密被硬粗毛，柱头5裂。翅果长椭圆形，长3～4.5厘米，宽1～1.2厘米；种子位于翅的中间，扁圆形。花期4—5月，果期8—10月。

【用途】臭椿树干高大，嫩叶紫红，秋季满树红色动翅果，是良好的观赏树和行道树；树皮、根皮、果实均可入药，具有清热燥湿、收涩止带等功效。

【分布】天水师范学院校园、藉河南路、藉河北路绿化带常见。

126. 楝

【学名】*Melia azedarach* L.

【别称】苦苓、苦苓仔、楝树、金铃子、翠树

【识别特征】落叶乔木。二至三回奇数羽状复叶，小叶卵形、椭圆形或披针形，先端渐尖，基部楔形或圆，具钝齿，侧脉12～16对。圆锥花序与叶近等长。花芳香；花萼5深裂；花瓣淡紫色，两面均被毛；花丝筒紫色，花药10枚。核果球形或椭圆形。花期4—5月，果期10—11月。

【用途】花、叶、果实及根皮均可入药，用于治疗蛔虫病、胃痛、疥癣、湿疹等。

【分布】秦州区文化馆门前可见。

127. 泽漆

【学名】*Euphorbia helioscopia* L.

【别称】五朵云、猫眼草、五凤草

【识别特征】多年生草本。全株含乳汁。单叶互生，倒卵形或匙形，基部阔楔形。杯状聚伞花序顶生，排列成复伞形；花单性，无花被；雄花多数和雌花1枚同生于萼状总苞内，总苞先端4裂；雄花仅有雄蕊1枚；雌花在花序中央，子房3室，柱头3裂。蒴果表面平滑。种子卵圆形，熟时褐色，花期4—5月。

【用途】全草入药，用于治疗水肿、肝硬化腹水、细菌性痢疾等。

【分布】城区绿地常见。

128. 地锦草

【学名】*Euphorbia humifusa* Willd.

【别称】地锦、斑地锦

【识别特征】一年生草本。茎匍匐，自基部以上多分枝，基部常红色或淡红色。叶对生，先端钝圆，基部偏斜，略渐狭，边缘常于中部以上具细锯齿。花序单生于叶腋，总苞陀螺状；雄花数朵，近与总苞边缘等长；雌花1朵，子房柄伸出至总苞边缘，花柱3枚，分离；柱头2裂。蒴果三棱状卵球形，成熟时分裂为3个分果爿。花果期5—10月。

【用途】全草入药，用于治疗痢疾、咯血、便血等。

【分布】城区道路两侧绿化带常见。

129. 小叶黄杨

【学名】*Buxus sinica var. parvifolia* M. Cheng

【别称】瓜子黄杨

【识别特征】常绿灌木。生长低矮，枝条密集，节间长3～6毫米，枝圆柱形，有纵棱，灰白色；小枝四棱形，全面被短柔毛或外方相对两侧面无毛。叶柄长1～2毫米，被毛。花序腋生，头状，花密集，花序轴被毛，苞片阔卵形；雄花约10朵，无花梗，外萼片卵状长圆形，内萼片近圆形；雌花子房较花柱稍长，花柱粗扁，柱头倒心形，下延达花柱中部。蒴果近球形，蒴果长6～7毫米，无毛。花期3月，果期5—6月。

【用途】树姿优美，为绿篱布景的重要树种。

【分布】城区绿地常见。

130. 黄栌

【学名】*Cotinus coggygria* Scop.

【别称】黄栌木、黄栌树、黄栌台、摩林罗、黄杨木、乌牙木

【识别特征】落叶小乔木。木质部黄色。单叶互生，叶片全缘或具齿。圆锥花序顶生，花小、杂性，仅少数发育；不育花的花梗被羽状长柔毛，宿存；花萼5裂，宿存，裂片披针形；花瓣5枚，雄蕊5枚，花盘5裂，花柱3枚，分离。核果肾形，种子肾形。花期5—6月，果期7—8月。

【用途】黄栌树姿优美，深秋叶片色彩鲜艳，果形别致，是重要的观赏树种；根、茎和叶入药，用于治疗感冒、齿龈炎、急性黄疸型肝炎等。

【分布】藉河南路双桥附近可见。

131. 火炬树

【学名】*Rhus Typhina* Nutt

【别称】鹿角漆、火炬漆、加拿大盐肤木

【识别特征】落叶小乔木。高达12米。小枝密生灰色茸毛。奇数羽状复叶互生，小叶19～23厘米，长椭圆状至披针形，缘有锯齿，先端长渐尖，基部圆形或宽楔形，上面深绿色，下面苍白色，两面有茸毛。圆锥花序顶生，密生茸毛，花淡绿色，雌花花柱有红色刺毛。核果深红色，密生绒毛，花柱宿存、密集成火炬形。花期6—7月，果期8—9月。

【用途】雌花序、果序及叶含有单宁，可以提取鞣酸；果实含有柠檬酸和维生素C，可作饮料；木材黄色，纹理致密美观，可雕刻、旋制工艺品；根皮可药用，具有清热利尿、破血通经、散瘀消肿的功效。

【分布】藉河南路城区交警大队及双桥以东绿地可见。

132. 猫儿刺

【学名】*Ilex pernyi* Franch

【别称】猫头刺、老虎刺

【识别特征】常绿灌木。叶片革质，先端三角形渐尖，基部截形或近圆形；托叶三角形，急尖。2～3花聚生成簇，每分枝仅具1花；花淡黄色，全部4基数。果球形，成熟时红色，宿存花萼四角形，具缘毛，宿存柱头厚盘状，内果皮木质。花期4—5月，果期10—11月。

【用途】猫儿刺叶形奇特，鲜艳美丽，是良好的观叶、观果树种；果实入药，用于治疗筋骨疼痛等。

【分布】藉河北路迎宾桥附近绿地可见。

133. 冬青卫矛

【学名】*Euonymus japonicus* Thunb.

【别称】正木、大叶黄杨、日本卫矛、四季青、苏瑞香、万年青、大叶卫矛

【识别特征】常绿灌木。小枝具4棱。叶对生，革质，倒卵形或椭圆形，长3～5厘米，先端圆钝，基部楔形。聚伞花序2～3次分枝，花白绿色，花盘肥大，子房每室2枚胚珠，着生中轴顶部。蒴果熟时淡红色。假种皮橘红色，全包种子。

【用途】枝叶繁茂，四季常青，叶色光泽，为优良的园林绿化树种。

【分布】城区绿地常见。

134. 金边黄杨

【学名】*Euonymus japonicus* var. *aurea-marginatus*

【别称】冬青卫矛、正叶、金边七里香

【识别特征】常绿灌木。为冬青卫矛的变种之一，主要的差异是叶子边缘为黄色或白色，中间黄绿色带有黄色条纹，新叶黄色，老叶绿色带白边。花期5—6月，果期9—10月。

【用途】金边黄杨叶色光泽，边缘斑白，且极耐修剪，常作绿篱和盆景。

【分布】藉河南路、藉河北路道路两侧常见。

135. 鸡爪槭

【学名】*Acer palmatum* Thunb

【别称】鸡爪枫、槭树

【识别特征】落叶小乔木，树冠伞形。叶近圆形，基部心形或近心形，掌状，常7深裂，密生尖锯齿。花紫色，杂性，雄花与两性花同株；伞房花序；萼片卵状披针形，花瓣椭圆形或倒卵形。幼果紫红色，熟后褐黄色，果核球形，脉纹显著，两翅成钝角。花果期5—9月。

【用途】叶色富于季相变化，是北方常见的观叶树种，主要用于城市园林绿化。

【分布】城区绿地常见。

136. 元宝槭

【学名】*Acer truncatum* Bunge

【别称】平基槭、华北五角槭、色树、元宝树

【识别特征】落叶乔木。单叶对生，掌状5裂，裂片先端渐尖，有时中裂片或中部3裂片又3裂，叶基通常截形最下部两裂片有时向下开展。顶生聚伞花序，雄花与两性花同林，4月花与叶同放。萼片5枚，黄绿色；花瓣5片，黄或白色；雄蕊8枚，着生于花盘内缘。翅果扁平，翅较宽而略长于果核，两翅成钝角，形似元宝。花期4—5月，果期9月。

【用途】树形优美，枝叶浓密，秋叶变色早，是优良的观叶树种。

【分布】藉河北路城区交警大队前绿化带可见。

137. 七叶树

【学名】*Aesculus chinensis* Bunge

【别称】梭椤树、梭椤子、天师栗、开心果、猴板栗

【识别特征】落叶乔木。掌状复叶常具7片小叶，小叶纸质，基部楔形或宽楔形。花序近圆柱形。花萼管状钟形，花瓣4片，白色，边缘有纤毛；雄蕊6枚。果球形，黄褐色，密被斑点。种子近球形，栗褐色。花期5月，果期10月。

【用途】七叶树树干直立，枝繁叶茂，花色雪白，是优良的行道树和园林观赏树种；种子入药，有安神、理气等功效。

【分布】藉河南路天水市职业技术学校、羲皇大道南郭寺前绿化带可见。

138. 复羽叶栾树

【学名】*Koelreuteria bipinnata* Franch.

【识别特征】乔木。二回羽状复叶，小叶9～17片，互生。圆锥花序，分枝广展，花瓣4枚，具花瓣爪，被长柔毛。蒴果近球形，具3棱，淡紫红色，果瓣近圆形，具网状脉纹，内面有光泽。花期7—9月，果期8—10月。

【用途】春季嫩叶多为红色，夏季黄花满树，入秋叶色变黄，果实紫红，形似灯笼，十分美丽，适宜于园林绿化；花、根入药，有清肝明目的功效，可治疗风热咳嗽。

【分布】天水市中心广场步行街、藉河南路城区交警大队门前绿化带、藉河南路天水师范学院等处可见。

139. 凤仙花

【学名】*Impatiens balsamina* L.

【别称】指甲花、急性子、女儿花、金凤花、桃红

【识别特征】一年生草本。茎粗壮，肉质，直立，具多数纤维状根，下部节常膨大。叶互生，叶片披针形、狭椭圆形或倒披针形，基部楔形。花单生或2～3朵簇生于叶腋，白色、粉红色或紫色，单瓣或重瓣；侧生萼片2片，被柔毛，基部急尖成长1～2.5厘米内弯的距；旗瓣圆形，兜状，先端微凹，背面中肋具狭龙骨状突起，翼瓣具短柄，雄蕊5枚，花丝线形。蒴果宽纺锤形，密被柔毛。

【用途】根、茎、花和种子均入药，用于治疗跌打损伤、麻木酸痛等。

【分布】城区小区花园常见。

140. 枣

【学名】*Ziziphus jujuba* Mill.

【别称】枣子、大枣、刺枣、贯枣

【识别特征】落叶小乔木。具2个托叶刺，短刺下弯。叶纸质，卵形，卵状椭圆形，基生三出脉。花黄绿色，两性，5基数，花瓣倒卵圆形。茎部有爪，与雄蕊等长；花盘厚，肉质，5裂。核果矩圆形或长卵圆形，成熟时红色，后变红紫色，中果皮肉质；种子扁椭圆形。花期5—7月，果期8—9月。

【用途】果实可食；果实入药，有养胃健脾、益血滋补、强身的功效。

【分布】城区小区多有栽培。

141. 酸枣

【学名】*Ziziphus jujuba* Mill. var. *spinosa*（Bunge）Hu ex H. F. Chow

【别称】小酸枣、山枣、棘

【识别特征】为枣的变种。本变种与原变种的区别：常为灌木；叶较小；核果近球形或短长圆形，直径0.7～1.2厘米，中果皮薄，味酸，核两端钝。

【用途】种仁入药，具有养肝宁心、安神敛汗等功效。

【分布】藉河河滩、羲皇大道靠近南山坡根偶见。

142. 五叶地锦

【学名】*Parthenocissus quinquefolia* （L.）Planch.

【别称】爬墙虎、爬山虎、土鼓藤、红葡萄

【识别特征】木质藤本。卷须总状分枝，见附着物时扩大为吸盘。5小叶掌状复叶，先端短尾尖，有粗锯齿。圆锥状多歧聚伞花序假顶生，序轴明显；花萼碟形，边缘全缘；花瓣长椭圆形。果球形。花期6—7月，果期8—10月。

【用途】五叶地锦植株向空间延伸，抗逆性强，叶色变化大，是垂生绿化的优良植物。

【分布】天水市中心广场、解放路飞将巷口墙壁等处常见。

143. 葡萄

【学名】*Vitis vinifera* L.

【别称】蒲陶、草龙珠、赐紫樱桃、菩提子、山葫芦

【识别特征】木质藤本。卷须2叉分枝，每隔2节间断与叶对生。叶卵圆形，显著3～5浅裂，中裂片顶端急尖，基部常缢缩。圆锥花序密集，多花，与叶对生；雄蕊5枚；花盘发达；雌蕊1枚，在雄花中完全退化，子房卵圆形，花柱短，柱头扩大。果实球形，花期5—6月，果期8—9月。

【用途】水果，生食或酿酒；根、藤入药，有止呕、安胎的功效。

【分布】城区小区常有栽培。

144. 蒙椴

【学名】*Tilia mongolica* Maxim.

【别称】小叶椴、白皮椴、米椴

【识别特征】乔木。叶阔卵形或圆形，先端渐尖，常出现3裂，基部微心形或斜截形，边缘有粗锯齿，齿尖突出。聚伞花序，苞片窄长圆形，下半部与花序柄合生，基部有柄；退化雄蕊花瓣状，稍窄小；雄蕊与萼片等长。果实倒卵形，被毛，有棱或有不明显的棱。花期6月。

【用途】叶片光亮，花冠秀美，浓郁芳香，是优良的园林道路绿化树种；花可提取化妆品原料；花亦可入药，有镇静解热、滋补、祛风、活血等功效。

【分布】龙城广场可见。

145. 咖啡黄葵

【学名】*Abelmoschus esculentus* （Linn.）Moench

【别称】黄秋葵、秋葵、补肾菜

【识别特征】一年生草本，全株疏被硬毛。茎圆柱形，疏生散刺。叶掌状，裂片阔至狭，托叶线形，被疏硬毛。花单生于叶腋间，小苞片钟形；花萼钟形，密被星状短绒毛；花黄色，内面基部紫色；花瓣5片，雄蕊柱短于花瓣；花柱5裂。蒴果筒状尖塔形。花期5—9月。

【用途】花果期长，花大而艳丽，可用作观赏植物栽培；果实可食用；根入药，有止咳的功效。

【分布】秦州区苗圃有栽培。

146. 蜀葵

【学名】*Althaea rosea* （Linn.）Cavan.

【别称】一丈红、大蜀季、戎葵、吴葵、卫足葵、胡葵、斗篷花

【识别特征】二年生直立草本。茎枝密被刺毛。叶近圆心形，掌状5～7浅裂或波状棱角。总状花序顶生，具副萼，萼钟状，密被星状粗硬毛；花大，先端凹缺，基部狭，爪被长髯毛；雄蕊柱无毛，花柱分枝多数。分果。花期5—8月。

【用途】蜀葵花色多样，色泽艳丽，西北方常见的观赏植物；花、叶、种子、根茎入药，用于治疗肠炎、水肿等。

【分布】城区绿化带常见。

147. 木槿

【学名】*Hibiscus syriacus* Linn.

【别称】木棉、荆条、朝开暮落花、喇叭花

【识别特征】落叶灌木。小枝密被黄色星状绒毛。叶菱形，常具深浅不同的3裂，边缘具不整齐齿缺。花单生，花萼钟形，密被星状短绒毛，裂片5片；花色有纯白、淡粉红、淡紫、紫红等，花形呈钟状，常有单瓣、重瓣。花瓣5片，花柱5分枝。蒴果密被黄色星状绒毛。花期7—9月。

【用途】花期长，抗逆性强，是优良的城市绿化树种；园林绿化；花可食用；花、果、根、叶和皮均可入药，具有防治病毒性疾病和降低胆固醇的功效。

【分布】城区绿地常见。

148. 粉紫重瓣木槿

【学名】*Hibiscus syriacus* L. *var. syriacus f. amplissimus* L. S. Gagnep.

【别称】多瓣木棉

【识别特征】为木槿的变形，与木槿的主要差异在于本变形的花粉紫色，花瓣内面基部洋红色，重瓣。

【用途】粉紫重瓣木槿花大，颜色艳丽，为夏秋两季重要的观花灌木。

【分布】藉河南、北路绿化带常见。

149. 朱槿

【学名】*Hibiscus rosa-sinensis* L.

【别称】扶桑、赤槿、佛桑、红木槿、桑槿、大红花、状元红

【识别特征】常绿灌木。小枝圆柱形，疏被星状柔毛。叶阔卵形或狭卵形，先端渐尖，边缘具粗齿或缺刻。花单生于上部叶腋间，常下垂，花萼钟形，被星状柔毛，裂片5；花冠漏斗形，玫瑰红色或淡红、淡黄等色；花瓣倒卵形，先端圆，外面疏被柔毛，花柱5分枝。蒴果卵形，有喙。花期全年。

【用途】朱槿花大色艳，花期长，是优良的园林观赏植物。

【分布】城区绿地偶见。

150. 圆叶锦葵

【学名】*Malva pusilla* Smith

【别称】野锦葵、金爬齿、托盘果、烧饼花、土黄芪

【识别特征】多年生草本。分枝多而常匍生，被粗毛。叶互生，肾形，基部心形，边缘具细圆齿。花白色，花瓣5片，倒心形；雄蕊柱被短柔毛；花柱分枝13～15枚。果扁圆形。花果期4—7月。

【用途】根入药，有益气止汗、利尿通乳、托毒排脓等功效。

【分布】藉河河滩、市委党校附近绿地多见。

151. 野西瓜苗

【学名】*Hibiscus trionum* L.

【别称】秃汉头、野芝麻、和尚头、山西瓜秧

【识别特征】一年生草本，常平卧。茎柔软，被白色星状粗毛。茎下部叶圆形，上部叶掌状3～5深裂。花单生叶腋；花萼钟形，淡绿色，三角形，具紫色纵条纹；花冠淡黄色，内面基部紫色，花瓣5片，花柱分枝5枚。蒴果被硬毛。花期7—10月。

【用途】全草入药，用于治疗咽喉肿痛、咳嗽、烫伤等。

【分布】藉河河滩常见。

152. 锦葵

【学名】*Malva cathayensis* Cavan

【别称】荆葵、钱葵、小钱花、金钱紫花葵

【识别特征】二或多年生直立草本。分枝多，疏被粗毛。叶圆心形，具5～7片圆齿状钝裂片。花3～11朵簇生，花常紫红色，花瓣5片，先端微缺，爪具髯毛；雄蕊柱被刺毛，花丝无毛；花柱分枝9～11枚，被微细毛。果扁圆形，分果9～11枚。种子黑褐色，肾形。花期5—8月。

【用途】多用于花境造景供观赏；茎、叶、花入药，用于治疗大便不畅、脐腹痛等。

【分布】城区小区常见栽培。

153. 野葵

【学名】*Malva verticillata* L.

【别称】冬葵、野葵苗

【识别特征】二年生草本。茎被星状长柔毛。叶圆肾形或圆形，通常掌状5～7裂，裂片三角形。花多朵簇生叶腋；花萼杯状，5裂，裂片营帐三角形；花冠常白色，花瓣5片，雄蕊柱被毛；花柱分枝9～11枚。分果扁球形，分果10～11枚。种子紫褐色。花期4—9月。

【用途】种子入药，用于治疗黄疸型肝炎、咽喉炎等。

【分布】双桥附近河滩常见。

154. 金丝桃

【学名】*Hypericum monogyn u m* L.

【别称】过路黄、金线蝴蝶、狗胡花

【识别特征】灌木。叶倒披针形、椭圆形或长圆形，具小突尖，基部楔形，侧脉4～6对，网脉密，明显；花序近伞房状，具1～15（～30）朵花；蒴果宽卵球形。花期6—8月，果期8—9月。

【用途】金丝桃花叶秀丽，花色金黄，具有较高的观赏价值；全草入药，用于治疗吐血、子宫出血、外伤出血等。

【分布】人民公园、藉河风情线秦州公安分局段多见。

155. 甘蒙柽柳

【学名】*Tamarix austromongolica* Nakai

【别称】红柳

【识别特征】灌木。枝直立，树干和老枝栗红色。叶片灰蓝绿色，嫩枝上的叶长圆形或长圆状披针形。总状花序，侧生，花序轴质硬而直伸；花5数；苞叶蓝绿色；花梗极短；花瓣淡紫红色，花盘紫红色；雄蕊5枚，伸出花瓣之外，花丝丝状，着生于花盘裂片间；子房红色，花柱与子房等长，柱头3枚，下弯。蒴果。花期6—9月。

【用途】甘蒙柽柳喜水，能耐干旱、盐碱等逆境，是防风、固沙的重要树种。

【分布】藉河南路第一驾校、玉泉观附近可见。

156. 早开堇菜

【学名】*Viola prionantha* Bunge.

【别称】光瓣堇菜

【识别特征】多年生草本。无地上茎，根状茎垂直。叶多数，均基生，花期长圆状卵形、卵状披针形。花紫堇色或紫色，喉部色淡有紫色条纹，近中部有2线形小苞片；萼片披针形，具白色膜质缘；柱头顶部平或微凹，花柱棍棒状，基部明显膝曲，上部增粗。蒴果无毛。花果期4—7月。

【用途】全草入药，有清热解毒，除脓消炎等功效。

【分布】城区草地常见。

157. 三色堇

【学名】*Viola tricolor* L.

【别称】三色堇菜、猫儿脸、蝴蝶花、人面花、猫脸花

【识别特征】二年或多年生草本植物。茎高10～40厘米，全株光滑。地上茎较粗，直立或稍倾斜，有棱，单一或多分枝。叶状，羽状深裂。花大，通常每花有紫、白、黄三色，上方花瓣深紫堇色，侧方及下方花瓣均为三色，有紫色条纹，侧方花瓣里面基部密被须毛，花柱短，基部明显膝曲，柱头膨大。蒴果椭圆形。花期4—7月。

【用途】三色堇花大色艳，花姿奇特，是优良的观花植物；全草入药，用于治疗咳嗽、小儿瘰疬、无名肿毒等。

【分布】龙城广场、民主西路装饰花坛常见。

158. 四季海棠

【学名】*Begonia cucullata* Willd. var. hookeri（Sweet）L. B. Sm. & B. G. Schub.

【别称】蚬肉秋海棠、玻璃翠、四季海棠、瓜子海棠

【识别特征】多年生肉质草本。茎直立，基部分多枝。单叶互生，有光泽，基部稍心形而斜生，边缘有小齿和缘毛。聚伞花序腋生，具数花；雄花较大，花被片4枚；雌花较小，花被片5枚，花红色，淡红色或白色。蒴果绿色，带红色的翅。花期3—12月。

【用途】四季海棠叶色光亮，四季成簇开放，花色多样，是园林绿化中花坛布置的理想植物。

【分布】城区装饰花坛常见栽培种。

159. 沙枣

【学名】*Elaeagnus angustifolia* L.

【别称】银柳、桂香柳、香柳、银芽柳、棉花柳

【识别特征】落叶乔木。无刺或具刺，刺棕红色，发亮。叶薄纸质，矩圆状披针形至线状披针形，顶端钝尖或钝形，基部楔形，全缘；叶柄纤细，银白色。花银白色，密被银白色鳞片，芳香，常1～3朵簇生新枝基部叶腋；雄蕊几乎无花丝；花柱直立上端弯曲。果实椭圆形，粉红色；果肉乳白色。花期5—6月，果期9月。

【用途】果肉可食；果实、树皮入药，用于治疗消化不良、慢性气管炎等。

【分布】天水师范学院校园、成纪大道市一中教学楼前可见。

160. 胡颓子

【学名】*Elaeagnus pungens* Thunberg.

【别称】半春子、甜棒槌、雀儿酥、羊奶子

【识别特征】常绿直立灌木。棘刺顶生或腋生，密被锈色鳞片。叶革质，椭圆形或宽椭圆形，下面密被鳞片。花白色，下垂，密被鳞片，萼筒圆筒形或近漏斗状圆筒形，在子房之上缢缩，花丝极短，花药长圆形，花柱直立。果椭圆形，熟时红色；果核内面具白色丝状绵毛。花期5—9月，果期翌年4—6月。

【用途】种子、叶和根可入药，用于治疗胃阴不足、口渴舌干等。

【分布】罗玉小区附近绿地常见。

161. 紫薇

【学名】*Lagerstroemia indica* L.

【别称】入惊儿树、百日红、满堂红、痒痒树

【识别特征】落叶灌木。小枝具4棱，树皮平滑，灰色。叶常互生，纸质。花色玫红、大红、深粉红、淡红色或紫色、白色，顶生圆锥花序；裂片6片，三角形，直立，花瓣6片，皱缩，具长爪；雄蕊36～42枚，外面6枚着生于花萼上。蒴果成熟时或干燥时呈紫黑色，室背开裂。种子有翅。花期5—8月，果期9—12月。

【用途】树干挺直，花色艳丽，花期长，是良好的观花乔木；树皮、叶和花入药，有清热解毒、利湿祛风、散瘀止血的功效。

【分布】城区常见的观花乔木。

162. 石榴

【学名】*Punica granatum* L.

【别称】安石榴、山力叶、丹若、若榴木、金罂、金庞、涂林、天浆

【识别特征】落叶灌木。枝顶常成尖锐长刺。单叶，通常对生。花顶生，单生或聚伞花序，萼片5～9片，外面近顶端有一黄绿色腺体，边缘有乳突；花瓣5～9片，覆瓦状排列；胚珠多数。浆果近球形，顶端有宿存花萼裂片，果皮厚，外种皮肉质半透明，多汁；内种皮革质。花期5—6月，果期9—10月。

【用途】石榴树姿优美，枝叶秀丽，花色鲜艳，可作为观赏树种栽培；果实食用；根、叶及花均可入药，用于治疗创伤出血、蛔虫病等。

【分布】城区校园、绿化带常见。

163. 月见草

【学名】*Oenothera biennis* L.

【别称】晚樱草、待霄草、山芝麻、野芝麻

【识别特征】二年生粗状直立草本。基生莲座叶丛紧贴地面，茎不分枝或分枝，被曲柔毛与伸展长毛，毛基部疱状。花序穗状，不分枝，花瓣黄色，宽倒卵形。子房圆柱状，密枝伸展长毛与短腺毛。蒴果锥状圆柱形，向上变狭，直立，绿色。

【用途】花大色艳，花香宜人，可供观赏；全草入药，有祛风湿、活血排脓、生肌止痛的功效。

【分布】藉河河滩、东桥头附近绿地常见。

164. 八角金盘

【学名】*Fatsia japonica*（Thunb.）Decne.et Planchon

【别称】手树、金刚纂

【识别特征】常绿灌木。茎光滑无刺。叶片大，革质，掌状7～9深裂，裂片长椭圆状卵形，先端短渐尖，基部心形，边缘有疏离粗锯齿。圆锥花序顶生，花序轴被褐色绒毛，花瓣5片，黄白色；雄蕊5枚，花丝与花瓣等长，子房下位，5室，花柱5枚，花盘凸起半圆形。花期10—11月。

【用途】四季常青，叶大形美，是良好的观叶植物；叶、根皮入药，用于治疗咳喘、风湿痹痛、痛风、跌打损伤等。

【分布】藉河北路藉河风情线陇上尊裕段有大片栽培。

165. 鹅掌柴

【学名】*Schefflera heptaphylla*（Lour.）Frodin

【别称】鸭掌木、鹅掌木

【识别特征】常绿灌木。小叶6～9片，纸质至革质，常长圆状椭圆形。伞形花序有花10～15朵，花瓣5～6片，开花时反曲，无毛；雄蕊5～6枚，比花瓣略长；子房5～7室，花柱合生成粗短的柱状；花柱宿存，柱头头状。果实球形，黑色，有不明显的棱。花期11—12月，果期12月。

【用途】四季常青，树干挺直，树姿优美，叶形奇特，是常作为观叶植物栽培。

【分布】城区校园、住宅小区多见。

166. 红瑞木

【学名】*Cornus alba* L.

【别称】凉子木、红瑞山茱萸

【识别特征】灌木，树皮紫红色。叶对生，纸质。伞房状聚伞花序顶生，花小，白色，花瓣4片，卵状椭圆形，雄蕊4枚，着生于花盘外侧，花柱圆柱形，子房下位，花托倒卵形，被贴生灰白色短柔毛。核果长圆形，花柱宿存，花期6—7月，果期8—10月。

【用途】小果洁白，秋叶鲜红，枝干红艳，是少有的观茎植物。

【分布】藉河北路藉河风情线双桥段绿化带、藉河南路师院路段河堤常见。

167. 泽珍珠菜

【学名】*Lysimachia candida* Lindley.

【别称】星宿菜

【识别特征】一或二年生草本，全体无毛。茎单生或数条簇生，直立。茎叶互生，叶片倒卵形、倒披针形或线形，两面均有黑色或带红色的小腺点。总状花序顶生，花萼裂片背面有黑色线条，花冠白色；雄蕊稍短于花冠，花丝贴生至花冠的中下部。蒴果球形。花期4—7月。

【用途】全草入药，有清热解毒、消肿散结的功效。

【分布】藉河北路藉河风情线市交通局段绿化带常见。

168. 二色补血草

【学名】*Limonium bicolor*（Bunge.）Kuntze

【别称】燎眉蒿、补血草、扫帚草、匙叶草、血见愁、秃子花、苍蝇花

【识别特征】多年生草本。茎丛生，直立或倾斜。叶基生，匙形或长倒卵形，基部窄狭成翅柄，近于全缘。花茎直立，穗状花序着生于枝端而位于一侧，具3～5（～9）小穗，穗轴二棱形，小穗具2～3（～5）花；萼筒漏斗状，白色或淡黄色；雄蕊着生于花瓣基部。蒴果5棱，包于萼内。

【用途】全草入药，有补血止血、益脾健胃、调经的功效。

【分布】羲皇大道两侧绿化带多见。

169. 柿

【学名】*Diospyros kaki* Thunb.

【别称】朱果、猴枣

【识别特征】落叶大乔木。树冠球形或长圆球形。枝开展，散生纵裂的长圆形或狭长圆形皮孔。叶纸质，卵状椭圆形。花雌雄异株，为聚伞花序，雄花花冠钟状，黄白色；雌花单生叶腋，花冠淡黄白色或黄白色，花冠管近四棱形，花柱4深裂，柱头2浅裂，密生短柔毛。果实常呈球形，成熟时果肉变成柔软多汁，呈橙红色或大红色。

【用途】果实可食；柿蒂、柿涩汁、柿霜和柿叶均可入药，用于治疗肠胃病、心血管病和干眼病等。

【分布】藉河北路双桥以西绿化带常见。

170. 君迁子

【学名】*Diospyros lotus* L.

【别称】黑枣、软枣、牛奶枣、野柿子、小柿

【识别特征】落叶乔木。树皮灰黑色或灰褐色，叶近膜质，先端渐尖，椭圆形至长椭圆形。花4数，雄花常腋生，雄蕊16枚；雌花单生，淡绿色或带红色，退化雄蕊8枚，花柱4枚。花冠壶形，带红色或淡黄色；花萼钟形。果近球形或椭圆形，初熟时为淡黄色，后则变为蓝黑色，常被有白色薄蜡层，8室。种子长圆形，褐色，侧扁。花期5—6月，果期10—11月。

【用途】果实可食；果实入药，有消渴清热、解毒健脾的功效。

【分布】双桥中路绿化带可见。

171. 连翘

【学名】*Forsythia suspensa* （Thunberg.）Vahl.

【别称】黄花杆、黄寿丹

【识别特征】落叶灌木。小枝略呈四棱形，节间中空，节部常具实心髓。叶通常为单叶，叶片卵形。花通常单生或2至数朵着生于叶腋，先于叶开放；花萼绿色，花冠黄色，裂片4片，倒卵状长圆形。果卵球形，先端喙状渐尖，表面疏生皮孔。花期3—4月，果期7—9月。

【用途】连翘树姿优美，先叶开花，盛开时满枝金黄，秀气溢人，是早春优良的观花灌木；果实入药，有清热解毒、散结消肿的功效。

【分布】城区绿地常见。

172. 迎春花

【学名】：*Jasminum nudiflorum* Lindley

【别称】小黄花、金腰带、黄梅、清明花

【识别特征】落叶灌木。直立或匍匐，枝条下垂。枝稍扭曲，光滑无毛，小枝四棱形，棱上多少具狭翼。花单生于去年小枝叶腋，花萼绿色，裂片常6枚，窄披针形；花冠黄色，裂片5～6片。花期2—4月。

【用途】迎春花枝条披垂，花色金黄，花期早，是早春观花灌木；叶片入药，有消肿止痛、活血解毒的功效。

【分布】藉河南路天水师范学院段河堤、藉河北路天水湖绿化带常见。

173. 女贞

【学名】*Ligustrum lucidum* W.T.Aiton

【别称】白蜡树、冬青、蜡树、女桢、桢木、将军树

【识别特征】常绿乔木。叶革质，卵形或长卵形，叶缘平坦，上面光亮，两面无毛，中脉在上面凹入，下面凸起。圆锥花序顶生，花冠裂片反折，柱头棒状。果肾形或近肾形，果实具棱，深蓝黑色，成熟时呈红黑色。花期5—7月，果期7月至翌年5月。

【用途】四季长青，枝叶茂密，树冠整齐，是园林中常用的观赏树种；果实入药，称“女贞子”，用于治疗眩晕耳鸣、腰膝酸软、须发早白、耳鸣耳聋、须发早白等。

【分布】羲皇大道、成纪大道、藉河北路绿化带常见。

174. 小叶女贞

【学名】*Ligustrum quihoui* Carr.

【别称】小叶冬青、小白蜡、楝青、小叶水蜡树

【识别特征】半常绿灌木。叶薄革质，披针形、椭圆形，基部楔形，叶缘反卷，两面无毛，下面常具腺点。圆锥花序顶生，花白色，花冠筒与裂片近等长；雄蕊伸出花冠裂片外。果倒卵圆形、椭圆形或近球形，成熟时黑紫色。花期5—7月，果期8—11月。

【用途】枝叶紧密、圆整，是园林绿化中重要的绿篱材料；叶小常绿，耐修剪，生长迅速，成型时间短，可作盆景；叶入药，具清热解毒的功效。

【分布】城区小区、公园常见。

175. 金叶女贞

【学名】*Ligustrum × vicaryi* Hort

【别称】黄叶女贞

【识别特征】落叶灌木，是金边卵叶女贞和欧洲女贞的杂交种。叶革薄质，单叶对生，先端尖，基部楔形，全缘。新叶金黄色，老叶黄绿色至绿色。总状花序，花为两性，呈筒状白色。核果椭圆形，内含1粒种子，黑紫色。花期5—6月，果期10月。

【用途】金叶女贞花团紧簇，花香宜人，叶片色泽艳丽，常作为观赏叶植物栽培。

【分布】藉河北路迎宾桥附近绿化带常见。

176. 木樨

【学名】*Osmanthus fragrans* Loureiro.

【别称】岩桂、九里香、金粟

【识别特征】常绿乔木或灌木。叶椭圆形至椭圆状披针形，先端渐尖，基部楔形，全缘或上部具细齿。花极芳香，花萼裂片稍不整齐，花冠黄白色；雄蕊着生花冠筒中部。果斜椭圆形，成熟时紫黑色。花期9—10月，果期翌年3—5月。

【用途】木樨叶片四季常绿，枝繁叶茂，常作为园林绿化植物栽培。

【分布】龙城广场可见。

177. 紫丁香

【学名】*Syringa oblata* Lindley.

【别称】丁香、百结、情客、龙梢子、华北紫丁香

【识别特征】落叶灌木。叶片革质，卵圆形至肾形，先端短凸尖至长渐尖或锐尖，基部心形。圆锥花序直立，花冠紫色，花冠管圆柱形，裂片呈直角开展，先端内弯略呈兜状或不内弯；花药黄色。果倒卵状椭圆形，光滑。花期4—5月，果期6—10月。

【用途】枝叶茂密，花香宜人，常作为观赏植物栽培；叶可入药，有清热燥湿的功效。

【分布】城区校园、藉河北路绿化带常见。

178. 长筒白丁香

【学名】*Syringa oblata* Lindl. cv. Chang Tong Bai

【别称】白丁香

【识别特征】多年生落叶灌木、小乔木，高4～5米。为紫丁香的变种，与紫丁香主要区别是叶较小，叶面有疏生绒毛，叶片纸质，单叶互生。叶卵圆形或肾脏形，有微柔毛，先端锐尖。花白色，花瓣四裂，筒状，呈圆锥花序。花期4—5月，果期6—10月。

【用途】长筒白丁香花密而洁白，花香宜人，常作为观赏植物栽培；叶可入药，有清热燥湿的功效。

【分布】藉河北路绿化带可见。

179. 花叶丁香

【学名】*Syringa* × *persica* L.

【别称】波斯丁香

【识别特征】小灌木。枝细弱，开展。叶片披针形或卵状披针形，先端渐尖或锐尖，基部楔形，全缘。顶生圆锥花序状；花序轴无毛，具皮孔；花芳香，花冠淡紫色，花冠管细弱，近圆柱形，花冠裂片呈直角开展，花药淡黄绿色，着生于花冠管喉部之下。花期5月。

【用途】繁花多多，色彩艳丽，可用作公园、庭院绿化树种。

【分布】藉河南路天水师范学院东家属区可见。

180. 巧玲花

【学名】*Syringa pubescens* Turcz.

【别称】小叶丁香、雀舌花、毛丁香

【识别特征】灌木。小枝四棱形，疏生皮孔。叶片卵形或椭圆状卵形。圆锥花序直立，轴明显四棱形；花梗短，花萼截形，花冠紫色，盛开时呈淡紫色，后渐近白色；花药紫色，位于花冠管中部略上，距喉部1～3毫米处。果通常为长椭圆形，皮孔明显。花期4—5月，果期6—8月。

【用途】巧玲花花香宜人，枝叶茂密，可作为庭院观赏植物栽培；树皮入药，有清热、镇咳、利水等功效。

【分布】藉河北路天水湖段绿化带可见。

181. 花叶蔓长春花

【学名】*Vinca major* L. *cv.*Variegata Loud

【别称】攀缠长春花

【识别特征】蔓性半灌木。茎偃卧，花茎直立。叶椭圆形，先端急尖，基部下延，叶的边缘为白色，有黄白色斑点。花单朵腋生，花萼裂片狭披针形；花冠蓝色，花冠筒漏斗状，花冠裂片倒卵形，先端圆形；雄蕊着生于花冠筒中部之下，花丝短而扁平，花药的顶端有毛；子房由2个心皮所组成。花期6月。

【用途】花色绚丽，有较高的观赏价值。

【分布】藉河南路天水师范学院北门前绿化带可见。

182. 鹅绒藤

【学名】*Cynanchum chinense* R.Brown

【别称】羊奶角角、牛皮消、软毛牛皮消、祖马花、老牛肿

【识别特征】缠绕草本。叶对生，薄纸质，宽三角状心形，顶端锐尖，基部心形。伞形聚伞花序腋生，花冠白色，裂片长圆状披针形；副花冠二形，杯状，花柱头略为突起，顶端2裂。蓇葖双生，细圆柱状，向端部渐尖，种子长圆形。花期6—8月，果期8—10月。

【用途】乳汁及根入药，有清热解毒、消积健胃、利水消肿的功效。

【分布】城区绿化带常见。

183. 杠柳

【学名】*Periploca sepium* Bunge

【别称】羊奶条、山五加皮、香加皮、北五加皮

【识别特征】落叶蔓性灌木，具乳汁。叶对生，卵状长圆形，顶端渐尖，基部楔形。聚伞花序腋生，花萼裂片卵圆形，花萼内面基部有10个小腺体；花冠紫红色，辐状，花冠筒短，副花冠环状，10裂，其中5裂延伸丝状被短柔毛，顶端向内弯；花药彼此粘连并包围柱头，背面被长柔毛；花粉器匙形，四合花粉藏于载粉器，粘盘粘连于柱头。蓇葖果2枚，圆柱状，种子长圆形，黑褐色，顶端具白色绢质种毛。花期5—6月，果期7—9月。

【用途】根皮、茎皮可入药，有祛风湿、壮筋骨、强腰膝的功效。

【分布】师院路绿化带可见。

184. 打碗花

【学名】*Calystegia hederacea* Wall.

【别称】燕覆子、蒲地参、兔耳草、富苗秧、扶秧、钩耳藤、喇叭花

【识别特征】一年生草本。植株通常矮小，常自基部分枝；茎细，平卧，有细棱。基部叶片长圆形，顶端圆，基部戟形，上部叶片3裂，中裂片长圆形或长圆状披针形，侧裂片近三角形，叶片基部心形或戟形。花腋生，花冠淡紫色或淡红色，钟状，冠檐近截形或微裂，子房无毛，柱头2裂，裂片长圆形，扁平。蒴果卵球形。种子黑褐色，表面有小疣。

【用途】根入药，具有调经活血、滋阴补虚的功效。

【分布】城区绿地中常见。

185. 田旋花

【学名】*Convolvulus arvensis* L.

【别称】小旋花、中国旋花、箭叶旋花、野牵牛、拉拉菀

【识别特征】多年生草质藤本。根状茎横走，茎平卧或缠绕，有棱。叶片戟形或箭形，全缘或3裂，中裂片卵状椭圆形，侧裂片开展或呈耳形。花1～3朵腋生；花梗细弱，花冠漏斗形，粉红色、白色，有不明显的5浅裂；雄蕊的花丝基部肿大，有小鳞毛。花期5—8月，果期7—9月。

【用途】全草入药，用于治疗风湿痹痛、牙痛、神经性皮炎等。

【分布】城区绿地中常见。

186. 圆叶牵牛

【学名】*Ipomoea purpurea*（L.）Roth

【别称】朝颜、碗公花、牵牛花、喇叭花

【识别特征】一年生缠绕草本。叶圆心形或宽卵状心形，基部圆，心形。花腋生，伞形聚伞花序，花冠漏斗状，花瓣紫红色、红色或白色，花冠管通常白色，瓣中带于内面色深，外面色淡；雄蕊与花柱内藏；雄蕊不等长，花丝基部被柔毛。蒴果近球形，3瓣裂。

【用途】生长茂盛，花色艳丽，多作为园林垂直绿化植物；种子入药，有泻下利水、消肿散积的功效。

【分布】城区小区、藉河北路交警大队绿化带等处常见。

187. 金叶番薯

【学名】*Ipomoea* batatas Margarita′

【别称】黄叶番薯

【识别特征】一年生缠绕草本。番薯的栽培变种。蔓生；叶心形，全缘或有分裂，黄绿色，具柄，嫩叶具绒毛；花单生或组成腋生聚伞花序或伞形至头状花序。

【用途】金叶番薯叶片色彩鲜艳，生长繁殖速度快，多用于城市花坛装饰。

【分布】藉河北路双桥大桥、红桥上装饰花坛多见。

188. 狼紫草

【学名】*Anchusa ovata* Lehmam

【别称】牛舍草

【识别特征】一年生草本。茎常自下部分枝，有开展稀疏长硬毛。基生叶和茎下部叶有柄，两面疏生硬毛，边缘微波状小齿。花萼有半贴伏硬毛；花冠蓝紫色，裂片开展，附属物疣状至鳞片状，密生短毛；雄蕊着生花冠筒中部之下，柱头球形，2裂。小坚果肾形，表面有网状皱纹和小疣点，着生面碗状，边缘无齿。花期5—7月。

【用途】叶片入药，有解毒止痛的功效。

【分布】藉河河滩常见。

189. 附地菜

【学名】*Trigonotis peduncularis*（Triranus）Benth. ex Baker et Moore

【别称】鸡肠、鸡肠草、地胡椒、雀扑拉

【识别特征】二年生草本。茎常多条，直立或斜升，密被短糙伏毛。花序顶生，花冠淡蓝或淡紫红色，冠筒极短，裂片倒卵形，开展，喉部附属物白或带黄色；花药卵圆形，长约1毫米。小坚果斜三棱锥状四面体形，背面三角状卵形，具锐棱，腹面2侧面近等大。花果期4—7月。

【用途】全草入药，用于治疗胃痛、吐酸、吐血等；外用治疗跌打损伤、骨折等。

【分布】城区绿地常见。

190. 臭牡丹

【学名】*Clerodendrum bungei* Steudel

【别称】大红袍、臭八宝

【识别特征】灌木，植株有臭味。皮孔显著。叶宽卵形或卵形，先端尖，基部宽楔形，具锯齿，两面疏被柔毛，基部脉腋具盾状腺体；叶柄密被黄褐色柔毛。伞房状聚伞花序密集成头状；花萼长2～6毫米，被柔毛及腺体，裂片三角形；花冠淡红或紫红色，裂片倒卵形。核果近球形，蓝黑色。花果期3—11月。

【用途】茎、叶和根入药，有解毒消肿、行气健脾、祛风除湿等功效。

【分布】城区小区偶见栽培。

191. 水棘针

【学名】*Amethystea caerulea* L.

【别称】山油子、土荆芥、细叶山紫苏

【识别特征】一年生草本。基部有时木质化，呈金字塔形分枝。茎四棱形，紫色，灰紫黑色或紫绿色。叶片3深裂，裂片披针形，边缘具粗锯齿或重锯齿。花序为圆锥花序；花冠蓝色或紫蓝色，冠筒内藏或略长于花萼，外面无毛，冠檐二唇形，外面被腺毛，上唇2裂，下唇3裂，中裂片近圆形，侧裂片与上唇裂片近同形；雄蕊4枚。小坚果倒卵状三棱形。花期8—9月，果期9—10月。

【用途】全草入药，用于治疗感冒、咳嗽、气喘等。

【分布】藉河北路天水湖岸边常见。

192. 夏至草

【学名】*Lagopsis supina*（Stephan ex Willd.）Ikonn.-Gal. ex Knorring

【别称】小益母草

【识别特征】多年生草本，直立。茎四棱形，具沟槽，带紫红色，常在基部分枝。叶圆形，3深裂，裂片有圆齿或长圆形犬齿。轮伞花序疏花，花萼管状钟形，外密被微柔毛，先端刺尖。花冠白色，冠檐二唇形，雄蕊4枚，着生于冠筒中部稍下，花柱先端2浅裂。花盘平顶。小坚果。花期3—4月，果期5—6月。

【用途】全草入药，有活血调经的功效。

【分布】藉河河滩常见。

193. 薰衣草

【学名】*Lavandula angustifolia* Mill

【别称】灵香草、香草、黄香草

【识别特征】小灌木，被星状绒毛。茎皮条状剥落。花枝叶疏生，叶枝叶簇生。轮伞花序具6～10朵花，花冠蓝色，密被灰色星状线毛，基部近无毛，喉部及冠檐被腺毛，内面具微柔毛环，上唇直伸，2裂片圆形，稍重叠，下唇开展。小坚果4枚。花期6—7月。

【用途】薰衣草植株低矮，生长速度快，花色优美，具有较高的观赏价值；花瓣芳香味浓，用于提取精油、做茶等。

【分布】藉河北路藉河风情线陇上尊裕段有栽培。

194. 蓝花鼠尾草

【学名】*Salvia farinacea* Benth

【别称】粉萼鼠尾草、一串蓝、 蓝丝线

【识别特征】多年生草本。植株呈丛生状，植株被柔毛。茎为四角柱状，且有毛，下部略木质化。叶对生，表面有凹凸状织纹，且有折皱，灰白色，香味刺鼻浓郁。长穗状花序，花小，蓝紫色，花量大。花期5—8月。

【用途】常用作花坛装饰植物。

【分布】伏羲庙、龙城广场装饰花坛常见。

195. 鸳鸯茉莉

【学名】*Brunfelsia brasiliensis*（*Spreng.*）L. B. Smith et Powns

【用途】双色茉莉、番茉莉

【识别特征】多年生常绿灌木。单叶互生，长披针形或椭圆形，先端渐尖。花单生或2～3朵簇生于叶腋，高脚碟状花，花冠五裂，花瓣锯齿明显。花萼呈筒状，雄蕊和雌蕊坐落于花冠中心小孔。花初开蓝紫色，后渐成淡雪青色，最后成白色。花期5—6月。

【用途】在同一株上能同时见到紫蓝色和白色的花，又因其有茉莉香味，常用作庭院观赏植物。

【分布】伏羲庙内院落有栽培。

196. 曼陀罗

【学名】*Datura stramonium* L.

【别称】曼荼罗、醉心花、狗核桃

【识别特征】草本。茎粗壮，下部木质化。叶广卵形，顶端渐尖，基部不对称楔形，裂片顶端急尖。花单生于枝叉间或叶腋，直立，有短梗；花萼筒状，筒部有5棱角，花瓣白色或粉红色；雄蕊内藏；子房密被柔针毛。蒴果卵状，被坚硬针刺。种子黑色。花期6—10月，果期7—11月。

【用途】全草剧毒，可作杀虫、杀菌剂等。

【分布】城区河滩、建筑废弃地常见。

197. 枸杞

【学名】*Lycium chinense* Miller

【别称】苟杞、狗奶子、红青椒

【识别特征】多分枝灌木。枝条细弱，具棘刺。叶纸质，单叶互生或2～4片簇生。花在长枝上单生或双生于叶腋，在短枝上则同叶簇生；花冠漏斗状，淡紫色，筒部向上骤然扩大，稍短于或近等于檐部裂片，5深裂，裂片卵形，基部耳显著；雄蕊较花冠稍短，花柱稍伸出雄蕊，上端弓弯，柱头绿色。浆果红色。花果期6—11月。

【用途】嫩叶可食；果实和根皮入药，有清热解渴的功效。

【分布】城区绿化带、城区交警大队公交站常见。

198. 假酸浆

【学名】*Nicandra physalodes*（L.）Gaertn.

【别称】蓝花天仙子、冰粉、草本酸木瓜

【识别特征】一年生直立草本。多分枝。叶互生，具叶柄；叶卵形或椭圆形，草质，顶端急尖或短渐尖，基部楔形，两面有稀疏毛。花单生于枝腋而与叶对生，俯垂；花萼5深裂，花冠钟状，浅蓝色，檐部有折襞，5浅裂。浆果球状，黄色。花期6—7月。

【用途】全草入药，用于治疗感冒、风湿痛、疥癣等。

【分布】藉河北路、藉河风情线市交通局河滩多见。

199. 碧冬茄

【学名】*Petunia hybrida*（J. D. Hooker）Vilmorin

【别称】矮牵牛、灵芝牡丹、撞羽牵牛

【识别特征】一年生草本，全体生腺毛。叶卵形，顶端急尖，基部阔楔形或楔形。花单生于叶腋，花萼5深裂，裂片条形；花冠白色或粉红色等颜色，漏斗状，筒部向上渐扩大，檐部开展；雄蕊4长1短；花柱稍超过雄蕊。蒴果。种子近球形，褐色。花期5—7月。

【用途】花期长，色彩丰富，抗逆性强，广泛用于花坛装饰。

【分布】城区花坛常见。

200. 龙葵

【学名】*Solanum nigrum* L.

【别称】黑星星、野海椒、石海椒、野伞子、黑黝黝

【识别特征】一年生直立草本植物。叶卵形，先端短尖，基部楔形至阔楔形而下延至叶柄。蝎尾状花序腋外生，萼小，花冠白色，筒部隐于萼内，花丝短，花药黄色，子房卵形，柱头小，花柱中部以下被白色绒毛。浆果球形，熟时黑色。

【用途】全草入药，有散瘀消肿、清热解毒的功效。

【分布】城区绿地常见。

201. 青杞

【学名】*Solanum septemlobum* Bunge

【别称】蜀羊泉、野枸杞、野茄子、枸杞子

【识别特征】直立草本。茎具棱角，被白色具节弯卷的短柔毛至近于无毛。叶互生，卵形。二歧聚伞花序，花梗基部具关节；萼小，杯状，花冠青紫色，花冠筒隐于萼内，开放时常向外反折；花柱丝状，柱头头状，绿色。浆果近球状，熟时红色。花期8—9月。

【用途】全草入药，用于治疗咽喉肿痛等。

【分布】城区绿化带常见。

202. 毛泡桐

【学名】*Paulownia tomentosa* （Thunberg）Steudel

【别称】白花泡桐、大果泡桐、空桐木、水桐、桐木树

【识别特征】乔木，树冠宽大伞形。叶片心脏形，下面毛密或较疏，叶柄常有黏质短腺毛。花序为金字塔形或狭圆锥形，花冠紫色，漏斗状钟形，在离管基部约5毫米处弓曲，向上突然膨大，外面有腺毛，内面几无毛，檐部2唇形，雄蕊长达2.5厘米；子房卵圆形，有腺毛，花柱短于雄蕊。蒴果幼时密生黏质腺毛，宿萼不反卷。花期4—5月，果期8—9月。

【用途】速生、轻质用材，可以用于农田林网防护和四旁绿化等。

【分布】城区常见。

203. 阿拉伯婆婆纳

【学名】*Veronica persica* Poir.

【别称】波斯婆婆纳

【识别特征】铺散多分枝草本。茎密生两列多细胞柔毛。叶具短柄，卵形或圆形，基部浅心形，平截或浑圆，边缘具钝齿，两面疏生柔毛。总状花序，花萼裂片卵状披针形，有睫毛，三出脉；花冠蓝色、紫色或蓝紫色，裂片卵形至圆形，喉部疏被毛；雄蕊短于花冠。蒴果肾形。花期3—5月。

【用途】全草入药，有祛风除湿、壮腰截疟等功效。

【分布】城区草地常见。

204. 通泉草

【学名】*Mazus japonicus* （N. L. Burman）Steenis

【别称】脓包药、汤湿草、猪胡椒、野甜菜、鹅肠草

【识别特征】一年生草本。茎直立，上升或倾卧状上升。茎生叶对生或互生。总状花序生于茎、枝顶端，花冠白色、紫色或蓝色，上唇裂片卵状三角形，下唇中裂片较小，稍突出，倒卵圆形。蒴果球形；种子黄色。花果期6—9月。

【用途】全草入药，用于治疗偏头痛、消化不良等；外用治疗疔疮、脓疱疮、烫伤等。

【分布】藉河北路藉河风情线陇上尊裕段绿地常见。

205. 黄花角蒿

【学名】*Incarvillea sinensis* var. *przewalskii*（Batalin）C. Y. Wu & W. C. Yin

【别称】黄波罗花

【识别特征】一至多年生草本，根近木质而分枝。叶互生，形态多变异，小叶不规则细裂。顶生总状花序，疏散；花冠黄色，钟状漏斗形，基部收缩成细筒，花冠裂片圆形；雄蕊4枚，2强，着生于花冠筒近基部，花药成对靠合。蒴果。种子扁圆形，四周具透明的膜质翅，顶端具缺刻。花期5—9月，果期10—11月。

【用途】全草入药，用于治疗风湿痹痛、跌打损伤等。

【分布】城区草地常见。

206. 凌霄

【学名】*Campsis grandiflora* （Thunb.）Schum.

【别称】紫葳、五爪龙、红花倒水莲、藤萝花

【识别特征】攀援藤本。茎木质，以气生根攀附于它物之上。叶对生，为奇数羽状复叶；小叶7～9片，卵形至卵状披针形，边缘有粗锯齿。顶生疏散的短圆锥花序；花冠内面鲜红色，外面橙黄色；雄蕊着生于花冠筒近基部，花药黄色，花丝和花柱线形。蒴果顶端钝。花期7—8月。

【用途】树干扭曲多姿，花大色艳，是理想的城市垂直绿化材料；茎叶入药，有行血去瘀、凉血祛风的功效。

【分布】华西大厦后院、伏羲庙等处常见。

207. 车前

【学名】*Plantago asiatica* L.

【别称】车前草、车轮草、猪耳草、牛耳朵草

【识别特征】二年生或多年生草本。须根多数。叶基生呈莲座状，叶片薄纸质或纸质。穗状花序细圆柱状，花冠白色，雄蕊着生于冠筒内面近基部，与花柱明显外伸。蒴果。花期4—8月，果期6—9月。

【用途】全草入药，具有祛痰、镇咳、平喘等功效。

【分布】城区草地常见。

208. 平车前

【学名】*Plantago depressa* Willd.

【别称】车前草、车茶草、蛤蟆叶

【识别特征】一或二年生草本。直根，根茎短。叶片纸质，常为椭圆形。穗状花序细圆柱状，上部密集，基部常间断，花冠白色，冠筒等长或略长于萼片，裂片极小，于花后反折；雄蕊着生于冠筒内面近顶端，同花柱明显外伸。种子黄褐色至黑色。花期5—7月，果期7—9月。

【用途】嫩苗可食；全草入药，用于治疗小便不通、目赤肿痛、皮肤溃疡等。

【分布】城区草地常见。

209. 长叶车前

【学名】*Plantago lanceolata* L.

【别称】窄叶车前、欧车前、披针叶车前

【识别特征】多年生草本。直根粗长。叶基生呈莲座状，叶片纸质，线状披针形、披针形，先端渐尖至急尖，边缘全缘或具极疏的小齿，基部狭楔形，下延，脉（3～）5（～7）条；叶柄细，基部略扩大成鞘状，有长柔毛。穗状花序幼时通常呈圆锥状卵形，成长后变短圆柱状或头状，长1～5（～8）厘米，紧密；花冠白色，冠筒约与萼片等长或稍长。蒴果狭卵球形。花期5—6月，果期6—7月。

【用途】早春主要牧草之一，鸭鹅喜食。

【分布】藉河北路天水湖风情线407医院附近草地常见。

210. 茜草

【学名】*Rubia cordifolia* L.

【别称】血茜草、血见愁、蒨草、地苏木、活血丹、土丹参

【识别特征】草质攀援藤木。根状茎和其节上的须根均红色。茎多条，方柱形，有4棱，棱上倒生皮刺。叶通常4片轮生，基部心形，边缘有齿状皮刺，两面粗糙，脉上有微小皮刺；基出脉3条；叶柄具倒生皮刺。聚伞花序腋生和顶生，花冠淡黄色，花冠裂片近卵形。果球形，成熟时橘黄色。花期8—9月，果期10—11月。

【用途】全草入药，有凉血止血、活血化瘀的功效。

【分布】藉河南路、北路绿化带绿化常见。

211. 忍冬

【学名】*Lonicera japonica* Thunb.

【别称】金银藤、银藤、二色花藤、二宝藤、右转藤、子风藤、鸳鸯藤

【识别特征】多年生半常绿缠绕及匍匐茎灌木。叶纸质，对生，枝叶均密生柔毛和腺毛。开花时苞片叶状，唇形花，雄蕊和花柱均伸出花冠，花成对生于叶腋，花色初为白色，渐变为黄色，黄白相映，球形浆果，熟时黑色；雄蕊5枚，附于筒壁，黄色；雌蕊1枚，子房无毛。果实圆形，熟时蓝黑色，有光泽。花期4—6月，秋季亦常开花。

【用途】花色鲜艳，枝叶繁茂，具有较高的观赏价值；花入药，具有清热解毒、抗炎、补虚疗风的功效。

【分布】城区小区常见栽培。

212. 苦糖果

【学名】*Lonicera fragrantissima Lindl. et* Paxt. var. *lancifolia*（Rehder）Q. E. Yang

【别称】羊奶头、羊奶子、裤裆果、杈八果、杈杈果

【识别特征】落叶灌木。小枝和叶柄有时具短糙毛。叶卵形、椭圆形或卵状披针形，通常两面被刚伏毛及短腺毛或至少下面中脉被刚伏毛。花先于叶或与叶同时开放，芳香，生于幼枝基部苞腋；相邻两萼筒约连合至中部；花冠常白色，内面密生柔毛，雄蕊内藏。果实鲜红色，矩圆形，部分连合；种子褐色，矩圆形。花期3—4月，果期5—6月。

【用途】果实可食，矿质元素含量高。

【分布】城区小区偶见栽培。

213. 金银忍冬

【学名】*Lonicera maackii*（Rupr.）Maxim.

【别称】金银木、胯杷果

【识别特征】落叶灌木。叶纸质，卵状椭圆形。花芳香，生于幼枝叶腋，花冠先白色后变黄色，外被短伏毛，内被柔毛；雄蕊与花柱长约达花冠的2/3，花丝中部以下和花柱均有向上的柔毛。果实成熟时暗红色，圆形，直径5～6毫米；种子具蜂窝状微小浅凹点。花期5—6月，果期8—10月。

【用途】果实鲜红，可供观赏。

【分布】岷山路一带可见。

214. 香荚蒾

【学名】*Viburnum farreri* W. T. Stearn

【别称】探春、翘兰、丹春、丁香花、香探春

【识别特征】落叶灌木。叶片纸质，顶端锐尖，基部楔形至宽楔形，边缘基部除外具三角形锯齿。圆锥花序，有多数花，花先叶开放，芳香；苞片条状披针形，萼齿卵形，花冠蕾时粉红色，开后变白色；雄蕊生于花冠筒内中部以上，花药黄白色；柱头3裂，不高出萼齿。果实紫红色。花期4—5月。

【用途】树姿优美，花色艳丽，芳香浓郁，观赏价值高，是优良的早春观花植物。

【分布】城区校园、藉河北路天水湖风情线常见。

215. 绣球荚蒾

【学名】*Viburnum macrocephalum* Fort.

【别称】绣球、木绣球、八仙花、紫阳花

【识别特征】落叶或半常绿灌木。叶纸质，卵形至椭圆形或卵状矩圆形。聚伞花序，全部由大型不孕花组成，第一级辐射枝5条，花生于第三级辐射枝上；萼筒筒状，萼齿与萼筒几等长；花冠白色，裂片圆状倒卵形，筒部甚短；雌蕊不育。花期4—5月。

【用途】绣球荚蒾花序为大型白色花朵，形状像绣球，是优良观花园林绿化树种。

【分布】藉河北路藉河风情线、藉河南路天水师范学院校园常见。

216. 锦带花

【学名】*Weigela florida* （Bunge） A. DC.

【别称】锦带、五色海棠、山芝、海仙花

【识别特征】落叶灌木。叶矩圆形、椭圆形至倒卵状椭圆形。花单生或成聚伞花序生于侧生短枝的叶腋或枝顶；花冠紫红色或玫瑰红色，外面疏生短柔毛，裂片不整齐，开展，内面浅红色；花丝短于花冠，子房上部的腺体黄绿色。果实顶有短柄状喙，疏生柔毛。种子无翅。花期4—6月。

【用途】锦带花枝叶茂密，花色艳丽，是北方地区早春观花植物。

【分布】藉河北路藉河风情线烟草公司段绿化带等处常见。

217. 红王子锦带花

【学名】*Weigela florida* '（Bunge）A. DC. Cv. Red prince

【别称】锦绣花

【识别特征】落叶开张性灌木。株高1～2米，嫩枝淡红色，老枝灰褐色。单叶对生，叶椭圆形，先端渐尖，叶缘有锯齿，红枝及叶脉具柔毛。聚伞花序，花冠5裂，漏斗状钟形，花色鲜红；雄蕊5枚，雌蕊1枚，高出花冠筒。蒴果柱状，黄褐色。花期4—5月，果期8—9月。

【用途】春季重要的观赏花卉之一，广泛用于园林绿化，为锦带花的园艺品种。

【分布】羲皇大道天水师范学院南校区门口有栽培。

218. 墓头回

【学名】*Patrinia heterophylla* Bunge.

【别称】异叶败酱

【识别特征】多年生草本。叶丛生，具1～4（5）对侧裂片，具长柄，茎生叶对生，茎下部叶2～3（～6）对羽状全裂，顶裂片长7～9厘米，中部叶常具1～2对侧裂片，顶裂片最大，具圆齿，疏被短糙毛。伞房状聚伞花序，花冠色，钟形，雄蕊4枚，伸出。瘦果顶端平截，翅状果苞干膜质。花期7—9月，果期8—10月。

【用途】根入药，治疗赤白带下、崩漏黄疸、疟疾等。

【分布】羲皇大道靠近南山坡跟常见。

219. 南瓜

【学名】*Cucurbita moschata*（Duch. ex Lam.）Duch. ex Poiret

【别称】倭瓜、番瓜、饭瓜、番南瓜、北瓜

【识别特征】一年生蔓生草本。茎常节部生根，密被白色短刚毛。叶柄粗壮，被短刚毛；叶片宽卵形或卵圆形。卷须3～5歧，稍粗壮。雌雄同株，雄花单生，花冠黄色，裂片边缘反卷，具皱褶；雄蕊3枚，花药靠合，药室折曲；雌花单生。瓜蒂扩大成喇叭状；瓠果形状多样，外面常有数条纵沟或无。花期5—7月。

【用途】果实可作为蔬菜食用；种子、藤及瓜蒂可入药，有清热除湿、安胎等功效。

【分布】藉河北路秦州区苗圃有栽培。

220. 葫芦

【学名】*Lagenaria siceraria*（Molina）Standl

【别称】壶芦、蒲芦

【识别特征】一年生攀援草本。茎、枝具沟纹，被黏质长柔毛。叶片卵状心形或肾状卵形，具5～7掌状脉，基部心形，两面均被微柔毛，叶背及脉上较密。卷须纤细，上部分2歧。雌雄同株，雄花花冠黄色，雄蕊3枚，药室折曲；雌花花萼和花冠似雄花，子房中间缢细。果实呈哑铃状，中间缢细，下部和上部膨大，上部大于下部，成熟后果皮变木质。花期6—7月，果期8—9月。

【用途】果实可食用；果实因形状奇特，可供观赏；种子入药，用于治疗水肿腹胀、烦热等。

【分布】藉河南路天水师范学院配电房、藉河南路秦州区苗圃可见。

221. 牛蒡

【学名】*Arctium lappa* L.

【别称】大力子、恶实、牛蒡子

【识别特征】二年生草本，高约2米。茎枝疏被乳突状短毛及长蛛丝毛并棕黄色小腺点。基生叶宽卵形，长约30厘米，宽约21厘米，基部心形，上面疏生糙毛及黄色小腺点，叶柄灰白色，密被蛛丝状绒毛及黄色小腺点。头状花序排成伞房或圆锥状伞房花序，总苞片多层，先端有软骨质钩刺；小花紫红色，花冠外面无腺点。瘦果，冠毛多层，冠毛刚毛糙毛状。花果期6—9月。

【用途】根可食用；根也可入药，用于治疗糖尿病、高血压、高血脂、癌症等。

【分布】城区水沟边、藉河河滩等处常见。

222. 黄花蒿

【学名】*Artemisia annua* L.

【别称】草蒿、青蒿、臭蒿、犱蒿

【识别特征】一年生草本，植株有浓烈的挥发性香气。根单生，垂直。茎单生，有纵棱，多分枝。叶纸质，绿色，茎下部叶宽卵形或三角状卵形。头状花序球形，多数，总苞片3～4层，花深黄色，瘦果小，椭圆状卵形，略扁。花果期8—11月。

【用途】全草入药，称为“青蒿”，具有清热解暑、截疟凉血、利尿健胃等功效。

【分布】城区绿地常见。

223. 钻形紫菀

【学名】*Aster subulatus* Michx.

【别称】土柴胡、剪刀菜、燕尾菜

【识别特征】一年生草本。基生叶倒披针形，中部叶线状披针形，先端尖或钝，全缘，上部叶渐狭线形。头状花序顶生，排成圆锥花序；总苞钟状；总苞片3～4层，外层较短，内层较长，线状钻形。舌状花细狭小，红色；管状花多数，短于冠毛。瘦果略有毛。花期9—11月。

【用途】全草入药，有清热解毒的功效。

【分布】耤河河边常见。

224. 白莲蒿

【学名】*Artemisia stechmanniana* Bess.

【别称】铁杆蒿、万年蒿

【识别特征】半灌木状草本。根稍粗大，木质，垂直；根状茎粗壮。茎多数，常组成小丛，具纵棱，下部木质，皮常剥裂或脱落，分枝多而长。叶长卵形、三角状卵形。头状花序近球形，下垂，在分枝上排成穗状花序式的总状花序，并在茎上组成密集或略开展的圆锥花序。瘦果狭椭圆状卵形或狭圆锥形。花果期8—10月 。

【用途】全草入药，有清热解毒、祛风利湿的功效。

【分布】藉河河滩常见。

225. 鬼针草

【学名】*Bidens pilosa* L.

【别称】鬼钗草、蟹钳草、对叉草、豆渣草

【识别特征】一年生草本。茎下部叶3裂，中部小叶3片，两侧小叶椭圆形或卵状椭圆形，具短柄，有锯齿，顶生小叶长椭圆形或卵状长圆形，有锯齿，上部叶3裂或不裂，线状披针形。头状花序，总苞基部，无舌状花，盘花筒状，冠檐5齿裂。瘦果熟时黑色，线形，具棱，具倒刺毛。花果期8—10月。

【用途】全草入药，用于治疗上呼吸道感染、咽喉肿痛、急性阑尾炎等。

【分布】藉河河滩常见。

226. 翠菊

【学名】*Callistephus chinensis*（L.）Nees

【别称】江西腊、七月菊、格桑花

【识别特征】一或二年生草本。茎单生，有纵棱，被白色糙毛。下部茎生叶花期脱落，中部茎生叶卵形，上部茎生叶渐小。头状花序单生茎顶，叶肉质；雌花1层，颜色多为红、淡红、蓝、黄或淡蓝紫色；两性花花冠黄色，辐射对称，檐部稍扩大，有5裂齿。瘦果稍扁，有多数纵棱，外层冠毛短。花果期8—10月。

【用途】翠菊花大，颜色艳丽，是秋季常见的观花植物。

【分布】藉河北路人民公园等处常见。

227. 飞廉

【学名】*Carduus nutans* L.

【别称】红花草、刺打草、雷公菜

【识别特征】二或多年生草本植物。茎圆柱形，具纵棱，并附有绿色翅，翅有针刺。叶椭圆状披针形，羽状深裂，裂片边缘具刺。头状花序干缩，总苞钟形，黄褐色，花紫红色，冠毛刺状，黄白色，气味微弱。花期5—8月。

【用途】全草入药，有祛风，清热、利湿、凉血、散瘀的功效。

【分布】藉河河滩、道路两侧绿化带常见。

228. 刺儿菜

【学名】*Cirsium arvense*（L.）Scop. Var. integrifolium C. Wimm. et Grabowski

【别称】小蓟、青青草、蓟蓟草、刺狗牙、刺蓟、枪刀菜

【识别特征】多年生草本，具匍匐根茎。茎有棱，幼茎被白色蛛丝状毛。基生叶和中部茎叶椭圆形、长椭圆形，叶缘有细密的针刺，针刺紧贴叶缘。头状花序单生茎端，总苞片约6层，覆瓦状排列，向内层渐长。瘦果淡黄色。冠毛刚毛长羽毛状。花果期5—9月。

【用途】全草入药，用于治疗衄血吐血、尿血便血、崩漏下血等。

【分布】城区道路两侧绿化带常见。

229. 秋英

【学名】*Cosmos bipinnatatus* Cav.

【别称】波斯菊、大波斯菊、八瓣梅

【识别特征】一年生或多年生草本。根纺锤状，多须根。叶2次羽状深裂，裂片线形或丝状线形。头状花序单生；舌状花紫红色，粉红色或白色；舌片椭圆状倒卵形，管状花黄色，上部圆柱形，有披针状裂片；花柱具短突尖的附器。瘦果黑紫色。花期6—8月，果期9—10月。

【用途】秋英花大色艳，可作为观赏植物栽培；全草入药，具有清热解毒、明目化湿的功效。

【分布】藉河河滩、羲皇大道绿化带等处常见。

230. 大丽花

【学名】*Dahlia pinnata* Cav.

【别称】大理花、天竺牡丹、东洋菊、大丽菊、细粉莲、地瓜花

【识别特征】多年生草本，有巨大棒状块根。茎直立，多分枝。叶1～3回羽状全裂。头状花序大，常下垂。舌状花1层，顶端有不明显的3齿，或全缘；管状花黄色。瘦果长圆形，扁平，黑色。花期8—12月。

【用途】大丽花花期长，花色鲜艳，可作为观赏植物；根入药，用于治疗跌打损伤等。

【分布】藉河北路绿化带常见。

231. 尖裂假还阳参

【学名】*Crepidiastrum sonchifolium* （Maximowicz）Pak & Kawano

【别称】苦荬菜、抱茎苦荬菜

【识别特征】多年生草本。茎上部分枝。基生叶莲座状，匙形至长椭圆形，基部渐窄成宽翼柄，不裂或大头羽状深裂，上部叶心状披针形，基部心形或圆耳状抱茎。头状花序排成伞房或伞房圆锥花序，总苞圆柱形，舌状小花黄色。花果期3—5月。

【用途】全草入药，有清热、消肿的功效。

【分布】藉河河滩、城区道路两侧绿化带常见。

232. 醴肠

【学名】*Eclipta prostrata* （L.）L.

【别称】旱莲草、墨草、白花蟛蜞草

【识别特征】一年生草本。茎直立，自基部或上部分枝，被伏毛；茎、叶折断后有墨水样汁液。叶对生，叶片长披针形。花序头状，总苞片2轮，边花白色，舌状，心花淡黄色，筒状，4裂。舌状花的瘦果四棱形，筒状花的瘦果三棱形，表面都有瘤状突起。花期7—10月。

【用途】全草入药，有补肾阴、止血痢的功效。

【分布】城区道路两侧绿化带常见。

233. 一年蓬

【学名】*Erigeron annuus* （L.）Pers.

【别称】女菀、野蒿、白马兰

【识别特征】一或二年生草本。茎粗壮，直立。基部叶长圆形或宽卵形，下部叶与基部叶同形，最上部叶线形，全部叶边缘被短硬毛，两面被疏短硬毛。头状花序排列成疏圆锥花序，外围的雌花舌状，2层，白色，线形，冠毛极短，膜片状连成小冠；两性花管状，黄色，檐部近倒锥形，裂片无毛，冠毛2层，外层鳞片状。瘦果披针形，冠毛异形。花期5—9月。

【用途】全草入药，用于治疗消化不良、胃肠炎、齿龈炎、疟疾、毒蛇咬伤等。

【分布】城区绿地常见。

234. 牛膝菊

【学名】*Galinsoga parviflora* Cav.

【别称】辣子草、向阳花、珍珠草、铜锤草

【识别特征】一年生草本。叶对生，卵形或长椭圆状卵形。头状花序半球形，排成疏散伞房状；舌状花4～5朵，白色，先端3齿裂，管状花黄色；舌状花冠冠毛状，管状花冠毛膜片状，白色，披针形。瘦果具3棱或中央瘦果4～5棱。花果期7—10月。

【用途】全草入药，有止血、消炎的功效。

【分布】道路两侧绿化带常见。

235. 菊芋

【学名】*Helianthus tuberosus* L.

【别称】五星草、洋姜、番姜

【识别特征】多年宿根性草本植物。高1～3米，有块状的地下茎及纤维状根。叶通常对生，有叶柄，上部叶互生。头状花序，生于枝端，有1～2片线状披针形的苞叶，直立，舌状花12～20朵，舌片黄色，花管状，花冠黄色。瘦果。花期9—10月。

【用途】块茎可食用；块茎和茎叶入药，用于治疗肿胀、跌打损伤等。

【分布】藉河河滩逸夫中学段有栽培。

236. 旋覆花

【学名】*Inula japonica* Thunb.

【别称】金佛花、金佛草、六月菊、旋复花

【识别特征】多年生草本。根状茎短，横走或斜升，有多少粗壮的须根。茎单生，有时2～3个簇生。头状花序，排列成疏散的伞房花序，花序梗细长；舌状花黄色，舌片线形。瘦果长，圆柱形。花期6—10月，果期9—11月。

【用途】花序入药，用于治疗风寒咳嗽、痰饮蓄结等。

【分布】藉河河滩常见。

237. 滨菊

【学名】*Leucanthemum vulgate* Lam.

【别称】法兰西菊、法国菊、牛眼菊、西洋菊

【识别特征】多年生草本。茎直立，通常不分枝。基生叶长椭圆形、倒披针形，基部楔形，渐狭成长柄；中下部茎叶长椭圆形，中部以下或近基部有时羽状浅裂。头状花序单生茎顶，排成疏松伞房状；全部苞片无毛，边缘白色或褐色膜质。花果期5—8月。

【用途】滨菊花朵洁白素雅，株丛紧凑，适宜花境栽培。

【分布】天水师范学院路绿化带多见。

238. 千里光

【学名】*Senecio scandens* Buch.-Ham. ex D. Don

【别称】蔓黄菀、九里明

【识别特征】多年生攀援草本植物，根状茎木质。叶片卵状披针形至长三角形，顶端渐尖，基部宽楔形，羽状脉明显。头状花序有舌状花，多数，具苞片；舌状花舌片黄色，管状花多数；花冠黄色，裂片卵状长圆形，花药颈部伸长，瘦果圆柱形，冠毛白色。花期9—10月。

【用途】全草入药，有清热解毒、明目退翳、杀虫止痒的功效。

【分布】道路两侧绿化带常见。

239. 欧洲千里光

【学名】*Senecio vulgaris* L.

【别称】辣子草、向阳花、珍珠草、铜锤草

【识别特征】一年生草本植物。茎单生，直立。叶无柄，叶片全形倒披针状匙形或长圆形，羽状浅裂至深裂，上部叶较小，线形。头状花序无舌状花，总苞钟状，具外层苞片；花冠黄色，檐部漏斗状。瘦果圆柱形，冠毛白色，花期4—10月。

【用途】全草可入药，用于治疗小儿口疮、疔疮等。

【分布】藉河河滩常见。

240. 麻花头

【学名】*Klasea centouroides*（L.）Cass.

【别称】菠菜帘子、菠叶麻花头

【识别特征】多年生草本。茎直立。基生叶及下部茎叶长椭圆形，羽状深裂，有长叶柄。顶端急尖；中部茎叶与基生叶及下部茎叶同形，无柄或有极短的柄，裂片全缘无锯齿或少锯齿，全部叶两面粗糙。头状花序1个或少数，单生茎枝顶端，全部小花红紫色或白色。瘦果楔状长椭圆形，褐色，有4条高起的肋棱。花果期6—9月。

【用途】早春返青后的基生叶片可作饲料，牛、马、羊均喜食。

【分布】藉河河滩常见。

241. 花叶滇苦菜

【学名】*Sonchus asper*（L.）Hill

【别称】续断菊

【识别特征】一年生草本。中下部茎生叶长椭圆形、倒卵形、柄基耳状抱茎或基部无柄，上部叶披针形，下部叶或全部茎生叶羽状浅裂。头状花序排成稠密伞房花序；总苞宽钟状，绿色，草质，背面无毛；舌状小花黄色。瘦果倒披针状，冠毛白色。花果期5—10月。

【用途】全草入药，有消肿、止痛、祛瘀、解毒等功效。

【分布】藉河河滩、道路两侧绿化带常见。

242. 苦苣菜

【学名】*Sonchus oleraceus L.*

【别称】滇苦菜、苦荬菜、拒马菜、苦苦菜、野芥子

【识别特征】一年生草本植物。茎直立，单生。基生叶羽状深裂，全形长椭圆形或倒披针形。头状花序在顶端形成伞房花序，全部总苞片顶端长急尖；舌状小花多数，黄色。瘦果褐色，压扁，冠毛白色。花果期5—9月。

【用途】嫩茎叶可食；全草入药，有清热解毒、凉血止血、祛湿降压的功效。

【分布】藉河河滩、城区道路两侧绿化带常见。

243. 蒲公英

【学名】*Taraxacum mongolicum* Hand.-Mazz

【别称】华花郎、蒲公草、哥老、哥老干

【识别特征】多年生草本植物。叶边缘有时具波状齿或羽状深裂，基部渐狭成叶柄，叶柄及主脉常带红紫色。花葶上部紫红色，密被蛛丝状白色长柔毛；头状花序，总苞钟状，舌状花黄色。瘦果暗褐色，长冠毛白色。花果期4—10月。

【用途】嫩茎叶可食；全草入药，用于治疗急性乳腺炎、淋巴腺炎等。

【分布】藉河河滩、道路两侧绿化带常见。

244. 黄花婆罗门参

【学名】*Tragopogon orientalis* L.

【别称】远东婆罗门参、东波罗门参、东方婆罗门参、伊麻干—萨哈拉

【识别特征】二年生草本。基生叶及下部茎叶线形或线状披针形，先端渐尖，全缘或皱波状，基部宽，半抱茎；中部及上部茎叶披针形或线形。头状花序单生茎顶；总苞8～10枚，圆柱状，先端渐尖，边缘狭膜质，基部棕褐色；舌状小花黄色。瘦果长纺锤形。冠毛淡黄色，长1～1.5厘米。花果期5—9月。

【用途】花大色艳，可用作观赏植物栽培。

【分布】藉河河滩常见。

245. 苍耳

【学名】*Xanthium strumarium* L.

【别称】卷耳、地葵、白胡荽

【识别特征】一年生草本植物。叶片三角状卵形或心形，边缘有不规则的粗锯齿。雄性的头状花序球形，花托柱状，花冠钟形，花药长圆状线形；雌性的头状花序椭圆形，外层总苞片小，披针形，喙坚硬，锥形。瘦果倒卵形，外面疏生钩状刺，刺极细而直，基部被柔毛，常有腺点；喙坚硬。花期7—8月，果期9—10月。

【用途】全草入药，用于治疗鼻窦炎、头痛等。

【分布】藉河河滩、城区道路两侧绿化带常见。

246. 虎尾草

【学名】*Chloris virgata* Sw.

【别称】棒槌草、刷子头、盘草

【识别特征】一年生草本植物。叶鞘背部具脊，包卷松弛，叶片线形。穗状花序，指状着生于秆顶，常直立而并拢成毛刷状；小穗无柄，成熟后呈紫色，颖膜质，第一小花两性，外稃纸质，呈倒卵状披针形，第二小花孕，长楔形，先端平截。颖果纺锤形，淡黄色。花果期6—10月。

【用途】全草入药，用于治疗感冒、头痛等。

【分布】藉河河滩、城区交警大队前绿化带多见。

247. 牛筋草

【学名】*Eleusine indica* （L.）Gaertn.

【别称】千千踏、野鸡爪

【识别特征】一年生草本。叶鞘两侧压扁而具脊；叶片平展，松散，线形。穗状花序指状着生于秆顶，含3～6朵小花；颖披针形，具脊，脊粗糙。囊果卵形，基部下凹，具明显的波状皱纹。鳞被2枚，折叠，具5脉。花果期6—10月。

【用途】全草入药，用于防治乙脑、流脑等。

【分布】城区草地常见。

248. 芦苇

【学名】*Phragmites communis*（Cav.）Trin. ex Steud.

【别称】芦、苇、葭、蒹

【识别特征】多年水生或湿生的高大禾草，根状茎十分发达。秆直立，具20多节。叶鞘下部者短于而上部者，长于其节间；叶舌边缘密生短纤毛，易脱落；叶片披针状线形。圆锥花序大型，小穗无毛；内稃两脊粗糙；花药黄色；颖果。花期8—12月。

【用途】芦苇生物量高，芦叶、芦花、芦茎、芦根、芦笋均可作家畜饲料；调节气候，涵养水源；形成的良好湿地生态环境，为鸟类提供栖息、觅食、繁殖的家园。

【分布】耤河河边常见。

249. 草地早熟禾

【学名】*Poa pratensis* L.

【别称】六月禾、肯塔基

【识别特征】多年生草本植物，匍匐根状茎。秆直立。叶舌膜质，叶片线形，扁平或内卷，顶端渐尖，蘖生叶片较狭长。圆锥花序金字塔形或卵圆形，分枝开展，小枝上着生小穗，小穗柄较短；小穗卵圆形，绿色至草黄色，含小花，外稃膜质，顶端稍钝，颖果纺锤形，花期5—6月，果期7—9月。

【用途】草地早熟禾是重要的牧草和草坪水土保持资源。

【分布】城区绿地常见。

250. 狗尾草

【学名】*Setaria viridis*（L.）Beauv.

【别称】狗尾巴草

【识别特征】一年生草本植物。叶鞘松弛，叶舌极短；叶片扁平，长三角状狭披针形或线状披针形。圆锥花序紧密呈圆柱状，小穗2～5个簇生于主轴上或更多的小穗着生在短小枝上，先端钝；第二颖几乎与小穗等长；第一外稃与小穗第长，其内稃短小狭窄；第二外稃椭圆形，具细点状皱纹；花柱基分离。颖果灰白色。花果期5—10月。

【用途】狗尾草秆、叶可作饲料；全草入药，用于治疗痈瘀、面癣等。

【分布】城区绿地常见。

251. 棕榈

【学名】*Trachycarpus fortunei*（Hook.）H. Wendl.

【别称】唐棕、拼棕、中国扇棕、棕树、山棕

【识别特征】常绿乔木，高达7米；干圆柱形，叶片近圆形，叶柄两侧具细圆齿。花序粗壮，雌雄异株；花黄绿色，卵球形。果实阔肾形，有脐，成熟时由黄色变为淡蓝色，有白粉，种子胚乳角质。花期4月，果期12月。

【用途】棕榈树形优美，是庭院绿化的优良树种。

【分布】藉河南路天水师范学院校园有栽培。

252. 半夏

【学名】*Pinellia ternata*（*Thunb.*）Breit.

【别称】地文、守田、羊眼半夏、蝎子草

【识别特征】多年生草本植物。块茎圆球形。叶2～5片，幼叶卵状心形或戟形，全缘，叶柄顶端有珠芽。佛焰苞绿或绿白色，管部窄圆柱形，檐部长圆形，雌肉穗花序，附属器绿至青紫色。浆果，花柱宿存。花期5—7月，果期8月。

【用途】半夏块茎入药，具有燥湿化痰、降逆止呕、消疖肿等功效。

【分布】城区树林下阴湿处常见。

253. 文竹

【学名】*Asparagus setaceus*（Kunth）Jessop

【别称】云竹、山草、鸡绒芝

【识别特征】攀援植物。茎的分枝极多，分枝近平滑。叶状枝通常每10～13枚成簇，刚毛状，略具三棱；鳞片状叶基部稍具刺状距或距不明显。花通常每1～3（～4）朵腋生，白色，有短梗。浆果，熟时紫黑色，有1～3粒种子。

【用途】文竹姿态轻盈，观赏价值极高；全草及根入药，具有润肺止咳，冰血解毒等功效。

【分布】藉河南路秦州区苗圃有栽培。

254. 萱草

【学名】*Hemerocallis fulva* （L.）L.

【别称】黄花菜、金针菜

【识别特征】多年生草本。根状茎粗短，具肉质纤维根，多数膨大呈窄长纺锤形。叶基生成丛，条状披针形。夏季开橘黄色大花，花葶长于叶；圆锥花序顶生，有花6～12朵；花被基部粗短漏斗状，花被6片，开展，向外反卷，外轮3片，内轮3片，边缘稍作波状；雄蕊6枚，花丝长，着生花被喉部；子房上位，花柱细长。

【用途】萱草花大色艳，是极具观赏价值；花可食用。

【分布】藉河南路河堤常见。

255. 玉簪

【学名】*Hosta plantaginea*（Lam.）Aschers.

【别称】玉春棒、白鹤花、玉泡花、白玉簪

【识别特征】多年生宿根植物。叶卵状心形、卵形或卵圆形，先端近渐尖，基部心形，具6～10对侧脉；叶柄长。花葶高，具几朵至十几朵花；花的外苞片卵形或披针形；内苞片很小；花单生或2～3朵簇生，白色，芬香；雄蕊与花被近等长或略短，基部贴生于花被管上。蒴果圆柱状，有三棱。花果期8—10月。

【用途】玉簪花色洁白，叶片宽大，是中国古典庭院中重要花卉之一。

【分布】城区住宅小区常见。

256. 郁金香

【学名】*Tulipa gesneriana* L.

【别称】洋荷花、草麝香、郁香、荷兰花

【识别特征】多年生草本。鳞茎偏圆锥形，外被淡黄至棕褐色皮膜，内有肉质鳞片2～5片。茎叶光滑，被白粉。叶3～5片。花单生茎顶，大型，直立杯状，洋红色，鲜黄至紫红色。蒴果室背开裂，种子扁平。花期3—5月。

【用途】郁金香花朵挺立，色泽艳丽，是世界著名的球根花卉。

【分布】耤河北路耤河风情线有少量栽培。

257. 细叶丝兰

【学名】*Yucca Flaccida* Haw.

【别称】丝兰、剑麻

【识别特征】多年生常绿草本植物。茎短，叶近莲座状簇生，坚硬，近剑形或长条状披针形。花葶高大而粗壮；花近白色，下垂，排成狭长的圆锥花序；花序轴有乳突状毛；花被片长3～4厘米；花丝具疏柔毛；花柱长5～6毫米。花期9—10月。

【用途】细叶丝兰姿态奇特，数株成丛，适合于庭院栽培绿化观赏。

【分布】藉河北路藉河风情线双桥段至中医院段常见。

258. 葱莲

【学名】*Zephyranthes candida*（Lindl.）Herb

【别称】葱兰、玉帘、白花菖蒲莲、韭菜莲、肝风草

【识别特征】多年生常绿草本。鳞茎卵形，具有明显的颈部。叶狭线形，肥厚，亮绿色。花茎中空；花白色，外面常带淡红色；花柱细长，柱头不明显3裂。蒴果近球形，3瓣开裂；种子黑色，扁平。花期7—9月。

【用途】植株矮小，四季常青，花色鲜艳，可作为庭院观赏、园林绿化植物栽培；全草入药，用于治疗小儿惊风，癫痫等。

【分布】藉河风情线绿化带有少量栽培。

259. 盾叶薯蓣

【学名】*Dioscorea zingiberensis* C. H. Wright

【别称】火头跟

【识别特征】多年生缠绕草质藤本。根状茎横生。茎左旋，光滑无毛。单叶互生；叶片厚纸质，三角状卵形，通常3浅裂至3深裂。花单性，雌雄异株或同株。雄花无梗，常2～3朵簇生，再排列成穗状。蒴果三棱形，每棱翅状。花期5—8月。

【用途】盾叶薯蓣根状茎含较高的薯蓣皂苷元，是合成甾体激素药物原料；叶形独特，可做观赏植物。

【分布】藉河南路小区有栽培。

260. 马蔺

【学名】*Iris lactea* Pall.

【别称】马莲、马兰、马兰花

【识别特征】多年生密丛草本。根状茎粗壮，木质。叶基生，宽线形，灰绿色花2～4朵，浅蓝色、蓝色或蓝紫色，花被上有较深色的条纹。蒴果长椭圆状柱形，有6条明显的肋，顶端有短喙。种子为不规则的多面体，棕褐色，略有光泽。花期5—6月，果期6—9月。

【用途】马蔺叶片富含纤维，民间常用作包扎材料；花、种子、根均可入药，有利尿通便、退烧、解毒等功效。

【分布】藉河河滩常见。

261. 鸢尾

【学名】*Iris tectorum* Maxim.

【别称】乌鸢、扁竹花、屋顶鸢尾

【识别特征】多年生草本植物。植株基部围有老叶残留的膜质叶鞘及纤维。根状茎粗壮，二歧分枝，直径约1厘米，斜伸；须根较细而短。花蓝紫色，直径约10厘米；花梗甚短；花药鲜黄色，花丝细长，白色。种子黑褐色，梨形，无附属物。花期4—5月，果期6—8月。

【用途】鸢尾叶片碧绿青翠，花形大而奇特，是重要的庭园观赏花卉；根状茎入药，用于治疗跌打损伤、风湿疼痛、咽喉肿痛、食积腹胀等。

【分布】藉河南北路绿化带常见。

262. 黄菖蒲

【学名】*Iris pseudacorus* L.

【别称】水烛、黄鸢尾、水生鸢尾、黄花鸢尾

【识别特征】多年生湿生或挺水宿根草本植物。根状茎粗壮。叶基生，绿色，长剑形，中肋明显，并具横向网状脉。花茎稍高出于叶，垂瓣上部长椭圆形，基部近等宽，具褐色斑纹或无，旗瓣淡黄色，花径约8厘米。蒴果，种子褐色，有棱角。花期5—6月。

【用途】黄菖蒲花色艳丽，是少有水生与陆生兼备的花卉。

【分布】藉河北路藉河风情线市交通局前湿地可见。

263. 黄花美人蕉

【学名】*Canna indica* L.

【别称】蕉芋

【识别特征】多年生草本植物。叶卵状长圆形。总状花序，花红色，单生；苞片卵形，绿色；萼片3片，披针形，绿色；花冠裂片披针形；外轮退化雄蕊2～3枚，鲜红色，2枚倒披针形；唇瓣披针形、弯曲；花柱扁平。蒴果绿色，长卵形，有软刺。花果期3—12月。

【用途】美人蕉花大色艳，是园林绿化、观叶、观花的优良草木植物。

【分布】藉河北路绿化带、藉河南路天水师范学院校园有少量栽培。